设"技"研习书系

我想知道的
排版设计

日本株式会社 ARENSKI 著

宋 玮 译

机械工业出版社
CHINA MACHINE PRESS

前　言

文字是传递信息最重要的载体。合适的处理方法，可以提高信息传递的速度及效率。能否真正理解"文字设计"的法则以及效果，对于能在阅读者内心引起怎样的共鸣，有很大的影响。在日常生活中，很多设计师都会聊一些"字体的选择太难了""标题总是不够有吸引力"之类的话题。虽然个人品位和经验确实很重要，但是"以表达为目的"的基础性设计知识也是必要的。本书以这些烦恼为起点，以期各位读者可以迅速上手，能够快速使用这些精炼在本书中的基本的文字设计规则及思路。

第 1 部分

在传递信息的设计中，必须了解的易于阅读的文字设计规则

第 2 部分

可以进一步提高传递信息效率的技巧及思路

第 3 部分

最需要引人注目的文字要素——"标题"的设计创意

第 4 部分

在很大程度上左右设计印象的要素——"文字版式"的设计创意

第 5 部分

文字图案或者自创字体等"吸引人眼球"的文字设计技巧

本书中所有内容均用设计实例来进行具有实践性的讲解。

通过本书，如果可以让那些希望了解文字组合基本规则的人、希望丰富设计表现力的人在各种各样的设计场景中能够灵活使用这些技巧和创意，那么著者将倍感荣幸。

目　录

第 1 部分　易阅读的文字

第 2 部分　吸引人的文字

第**3**部分

标题设计的创意

第**4**部分

文字版式
设计的创意

第**5**部分　引人注目的文字设计集

Illustrator 和 InDesign 基础操作

结语

本书的使用方法

本书会向大家解答关于排版的各类知识。通过第 1 部分和第 2 部分可以让读者掌握关于文字组合、字体选择、文字设计的思路及重要的设计规则。第 3 部分到第 5 部分，会通过实际范例来讲解不同种类的排版技巧。

第 3~5 部分的阅读方法

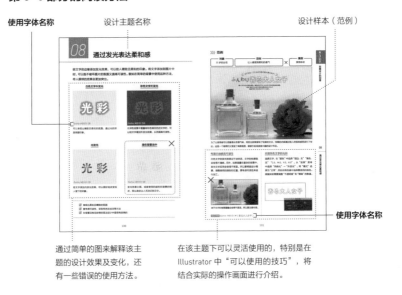

使用字体名称　　　　　设计主题名称　　　　　　　　　　　　设计样本（范例）

通过简单的图来解释该主题的设计效果及变化，还有一些错误的使用方法。

在该主题下可以灵活使用的，特别是在 Illustrator 中"可以使用的技巧"，将结合实际的操作画面进行介绍。

使用字体名称

▶在本书中介绍的大多数范例都是原创内容，除此以外的作品都会标记出处。

▶虽然本书是以已经掌握了 Illustrator、Photoshop 及 InDesign 基本操作的读者为阅读对象，但是设计的思路、制作物品的启发等内容也适合业余设计者进行阅读。

关于使用软件的对应版本

本书的软件操作解说部分是以 Adobe Illustrator、InDesign、Photoshop CC 2017/CS6 为基础而写的。操作画面使用的是 Mac 版的 CC 2017。

关于键位的表示

由于操作画面是 Mac 版的，所以优先使用的是 Mac 版的表示方法。Option（Alt）+ 移动光标的情况下，圆括号（）里面的键是 Windows 的操作表示。另外，delete / Delete，shift / Shift，tab / Tab 等共通的键位，大小写的表示方法以 Mac 版为准。

Adobe Creative Suite、Apple、Mac·Mac OS X、macOS、Microsoft Windows 以及其他在本书中出现的产品名、公司名都是各个公司的商标或者注册商标。

第 1 部分

易阅读的
文字

（为了让文字实现信息传递的 5 个规则）

/ / / / /

为了正确地传递信息，可读性非常重要。
对在可传递信息的设计中必要的文字组合原则以及惯例进行解说。

01 字符设置

文字是传递信息的重要工具，根据文字组合方法、设计方法的不同，信息传递方法也会发生很大的变化。在这里先要介绍的，是在进行文字排版之前希望大家能够了解的文字组合用语以及它们会起到的作用。

行长

是一行文字的长度（字符数）。一般小说是将世界观渗透在其中的、希望大家能够认真品读的文章，所以行长一般会比较长。而杂志中一般是希望大家可以快速阅读的文章，所以行长会设定得比较短。行长一般会设定为**最长 40~50 字符、最短 12~13 字符**。

专栏·段间距

当文章内容比较多的时候，通过设置"专栏"可以使文章更易于阅读。这种专栏在杂志等尺寸比较大的媒体中经常会看到，通过将行长变短来减轻视线往复的负担。专栏中"段与段之间的距离"就被称为**"段间距"**。段间距大致是正文**字体大小（字号）**的1.5~2倍。

行距

是行与行之间的距离。如果行距比较宽，则会让人感觉较稳重，而行距比较窄的话，则会让人生出一种紧张感。虽然行距根据字符的大小或者行长的不同会发生变化，但一般情况下是以正文**字体大小的 50%~75%** 为基准微调至合适的行距。如果距离过宽，那么行与行之间的相关性就会变得比较弱，这一点要引起注意。在 Illustrator 及 InDesign 当中要通过"字符"面板的"设置行距"选项进行设定。

むかし、むかし、大むかし、ある深い山の奥に大きい桃の木が一本あった。大きいとだけではいい足りないかも知れない。この桃の枝は雲の上にひろがり、この桃の根は大地の底の黄泉の国にさえ及んでいた。何でも天地開闢の頃お

い、伊諾の尊は黄最津平阪に八つの雷を却けるため、桃の実を礫に打ったという。――その神代の桃の実はこの木の枝になっていたのである。この木は世界の夜明け以来、一万年に一度花を開き、一万年に一度実をつけていた。花は真

むかし、むかし、

字间距

是字与字之间的距离。由于字间距会影响到阅读的便利性，所以在调整的时候一定要特别注意。**在正文当中"字间距为 0"是最基本的设置。**但在标题或题目中，根据字体等的不同，有时候也会有目地缩小或者放大字间距。

むかし、むかし、

标准间距

是既不缩小也不放大字符之间的距离，是**"字间距为 0"**的字符状态。

[Illustrator 的字间距设定]

❶ 字偶间距
是根据相邻字符的形状来调整字符之间的距离。标题等比较大的字符，由于关注度会比较高，有必要通过调整字偶间距来做微调。

❷ 字符间距
不是调整每一个字符间距，而是统一调整所选字符间的距离。字符间距只是将**字符右侧留出空隙**，基本上在调整西文文本的字符间距时会使用。

❸ 比例间隔
不是调整每一个字符间距，而是统一调整字符间的距离。比例间隔是对**字符前后的空隙**进行调整。

桃 もも
から うま
生れた
桃 もも
太郎 たろう

注音文字

给比较难的字标注注音文字（类似中文的拼音），可以提高实用性。注音文字的标注方法也是有规则的。字体大小的基本原则，是注音文字的大小应设定为被**标注文字（原字符）大小的 1/2**。另外，以字符为单位标注注音也是原则之一。注意文字字体不能比原文字更显眼，要用字形清晰且易于阅读的基本字体。

禁则

如标点符号等不能出现在行首的规则。如有"句读符号或者感叹号等不能在行首""英文单词不能跨行分开"等。将文字调整成易于阅读的做法被称为"**禁则处理**"。

むかし、むかし、大むかし、ある深い山の奥に大きい桃の木が一本あった。大きいとだけではいい足りないかも知れない。

字体大小

将想要强调的文字放大，通过调整字体大小的差别以区分主次等改变部分内容字体大小的方式，可以为阅读者明确重要信息。字体大小的单位，在设计实践中主要使用以下两种。

级（Q）

日本特有的单位，在 DTP（desktop publishing，通过桌面出版软件排版）设计的实践中使用频率是最高的。1Q **大约是 0.25mm**。

像素（Pixel）

像素其实就是组成显示器画面的小点，也被称为"像元"。其根据显示器的解析度不同会有所不同，但是在一般的使用中，1 像素大约是 0.30mm。这是在网页设计等平面设计中经常会被用到的单位。

标点符号

句读符号、括号等虽然不发音，但却是为了表达文脉中的意思而使用的符号。在标题中，或者是在想要进行强调的时候都会用到。

[分隔符]

间隔号 •　问号？　感叹号!

冒号:　　分号;　斜线 /

[句读符号]

顿号、句号。逗号，实心句号.

括号（ ）[]{ }〈 〉〔 〕【 】

引用符号「 」" " ' '

[连接号]

一字线—　浪纹线~　短横线 -

单位符号	℃ ° ′ ″ %
米字符※	星号 *
货币符号	$ € £ ¥
箭头	→ ← ↑ ↓
特殊符号	★ ● □

2月14日はバレンタインデー。

文中旋转

在竖排的文字中如果混合了数字或字母，通过旋转文字可以提高可读性。当数字是两三位时，需要注意将字符设定为 1/3 **左右的长体**以和前后的字符尺寸相符。

长体

长体就是将字符变形为竖长形状的字符。在既需要保证排版效果，又因为字符数太多而放不下的情况下使用。由于变化为字符宽高比例 90% 以下的**长体**会弱化其可读性，所以要引起注意。另外，在西文字体中，"Condense"字体即被设计为字符横向比较窄的字体。

[文字的变形]

正体　桃から生れた桃太郎

字符宽高比例: 100%

长体　桃から生れた桃太郎

字符宽高比例: 90%

平体　桃から生れた桃太郎

字符宽高比例: 110%

斜体　桃から生れた桃太郎

平体

平体就是将字符变形为较宽形状的字符。为了让字符看起来更饱满，可以加宽 5%~10%，这样就会让人感觉更有设计感。在西文字体中，"Extended"即被设计为字符比较宽的字体。

5 个规则

文字，是在将其整理为便于理解的组合后，才第一次真正成为可以被传递的"信息"。假如文字难以阅读，那么就无法将正确的信息传递给阅读者。因此，调整字符的大小及间距，减轻阅读者的阅读压力是非常重要的。本节会以5 个规则为中心，从基础开始介绍"让文字易于阅读"的技巧。

规则 **1.** 保持一致性
版面比较协调的话，阅读起来会更容易

规则 **2.** 选择合适的大小
文字信息会变得易于传达

规则 **3.** 要有所区别
找到目标信息的速度会变快

规则 **4.** 整理留白部分
可以防止误解或误读

规则 **5.** 完善细节
加入凹凸感会使布局更加美观

保持一致性

在进行文字组合的时候，"将文字排列到透明的矩形文本框中"是基本思路之一。也就是将字符的大小及文章的行长都进行整理，然后排在这个文本框中。不整齐的文字组合，由于阅读者的视线无法流畅地进行移动，会给人一种不协调的感觉。通过将文字排在矩形文本框中，文章的开头和结尾都会变得清晰，文章就会变得易于阅读。另外从设计角度看，也会给阅读者留下美观整齐的印象。

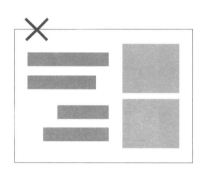

左边示例的行首、行长等都比较乱，视线的移动以及换行位置都无规则。右边示例以左端为端点，视线的移动及换行都很规律，所以可以产生一定的阅读节奏感。

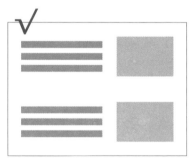

调整字符的基准线也会影响到阅读的难易度。在西文和日文混合，或者不同大小的字符横向组合在一起的情况下，一般以"西文基线"为基准。横向排版的字符按照西文基线对齐方式调整的话，可以产生一种脚踏实地的安定感。如果是字身框居中对齐，视线的上下移动会较频繁，这样会给阅读者造成不适感，需要引起注意。另外，在竖向排版的情况下，比起西文基线对齐，字身框居中对齐的方式会让阅读者的视线移动更加稳定。

正文的文字对齐

在文章的排版方法中具有代表性的是"左对齐""居中对齐""右对齐""两端对齐"4 种。这些都是基于将文字原稿放入矩形文本框中这个"箱式组合"的观点而设置的，如在横向排版的情况下，阅读者的视线是由左向右移动的，所以用左端对齐的方式会更易于阅读。但左端对齐的版式中还分为"左对齐"和"全部两端对齐"的方式，如果选择"左对齐"，行尾可能会变得比较乱，这个要引起大家的注意。

 左对齐

むかし、むかし、大むか
し、ある深い山の奥に大
きい桃の木が一本あっ
た。大きいとだけではい
い足りないかも知れな
い。この桃の枝は雲の上
にひろがり、この桃の根
は大地の底の黄泉の国に

✕ 右对齐

むかし、むかし、大むか
し、ある深い山の奥に大
きい桃の木が一本あっ
た。大きいとだけではい
い足りないかも知れな
い。この桃の枝は雲の上
にひろがり、この桃の根
は大地の底の黄泉の国に

√ 全部两端对齐

むかし、むかし、大むか
し、ある深い山の奥に大
きい桃の木が一本あっ
た。大きいとだけではい
い足りないかも知れな
い。この桃の枝は雲の上
にひろがり、この桃の根
は大地の底の黄泉の国に

日文和西文的混合

[将西文按照日文字体设置的话，字母会看起来比较粗，给人以散漫的印象]

美しいFont15

[西文字体有看起来小一圈的感觉]

美しいFont15

[调整基准线，将西文字体设定为看起来和日文一样的字体]

美しいFont15

如果按照日文字体输入西文，西文会看起来比较粗且不自然。另外字符和字符之间不规则的间隔比较明显，不美观。这是因为日文和西文字体的基准线位置不同。西文字体是以基线为基准线设计而成的，有一种平衡美。所以西文要调整为西文专用的字体。

当日文和西文组合在一起的时候，西文字体要选择和日文类似的字体。但是，就算选择了同样的字体，如果线条的粗细以及字符的宽度不同，也会产生不自然感，所以也要引起注意。另外，西文字体看起来比日文字体要小一圈。

要给人以将文字放入矩形文本框中的感觉，所以要将西文调整到与日文大小和高度都一致的状态。我们在将西文的字号调大的时候，要控制其字符的粗细和日文保持一致。

正文中标题的行距

总结正文内容的是"标题"。在标题的设计中，为了不让其埋没在文字量大的正文中，可以将字体变粗或增大字号让它看起来更醒目一些。但是当正文以专栏的形式出现的时候，如果将标题字号设置得和正文不同，就会造成与标题并列那一段行的位置无法与其对齐，导致阅读者的视线无法顺畅地进行移动。当你希望将标题的字号变大一些的时候，基本操作是留出数行的空间，然后将标题放入正文中。

✕ 专栏的行的位置无法对齐

桃から生れた桃太郎
むかし、むかし、大むかし、ある深い山の奥に大きい桃の木が一本あった。大きいとだけで難いい足りない

かも知れない。この桃の枝は雲の上にひろがり、この桃の根は大地の黄泉の国にさえ及ぶほでいた。何でも天地開闢の頃おい、伊諾の尊は貴最津平坂に八つの雷査却けるため、

[如何在 InDesign 中设置]

用"工具"的 **T**（文字工具）来选择希望调整行距的字符。然后从"段落"面板中选择**"段落强制行数"**。

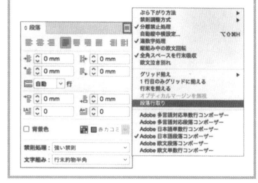

单倍行数

⌐ 桃から生れた桃太郎 ⌐
むかし、むかし、大むかし、ある

深い山の奥に大きい桃の木が一本あった。大きいとだけではいい足り

2倍行数

桃から生れた桃太郎
むかし、むかし、大むかし、ある

深い山の奥に大きい桃の木が一本あった。大きいとだけではいい足りないかも知れない。この桃の枝は雲

3倍行数

桃から生れた桃太郎
桃から生れた桃太郎
むかし、むかし、大むかし、ある

深い山の奥に大きい桃の木が一本あった。大きいとだけではいい足りないかも知れない。この桃の枝は雲の上にひろがり、この桃の根は大地

标题占1行正文空间被称为"单倍行数"，标题占2行正文空间就是"2倍行数"，2行标题占3行正文空间被称为"3倍行数"。将标题在这几行空间中设置为居中对齐。

⟫⟫⟫ 范例　要在哪里进行怎样的"整理"呢

关键点 1

图片与文字的有效配置

想要传递由图片和文章组合起来的信息时，要把文字与图片的一侧对齐。在这个范例中，由于照片在左侧，所以文字左对齐排版以靠近图片。

关键点 2

行尾对齐

通过不整齐的行尾营造出节奏感，强调一种"聊天的感觉"。

关键点 3

标题的行距

即使在正文中间有小标题，段落的行距也是整齐的。

关键点 4

引导视线的信息块的配置

通过在正文的末尾与关联信息对齐的方式，自然而然地将读者的视线进行引导，可以产生整体关联性很强的感觉。

《开始备孕 BOOK》（主妇之友社）
2016 年 12 月期

2

选择合适的大小

理解文字要素的作用，需要将它们的大小设置为合适的尺寸，这样就会易于阅读者找到必要的信息。不适合该文字作用的尺寸会使阅读者感到混乱，也会引起误读。在这里会使用实际的范例，从基础开始讲解关于选择适合文字要素及阅读者目标的文字尺寸的方法。

纸媒体

大小的比例

解说词＜正文＜小标题＜文章标题

小 ⟶ 大

基本原则是将希望阅读者优先读到的内容放大。要放大到像文章标题、小标题等最显眼的文字那么大。因为导语是仅次于标题的希望被阅读者读到的要素，那么就把它设置成和正文一样大或者比正文稍大一些。另外，一般情况下抽象性的内容会被编辑得较大，而具体的详细的内容会被编辑得较小。如果各要素内容字体大小失衡，就有可能导致阅读者误读，这点一定要注意。

リードサイズリードサイズリードサイズリードサイズリードサイズリードサイズリードサイズリードサイズリードサイズリードサイズリードサイズリー

タイトル桃太郎

文章标题

最先希望阅读者看到的要素，有简明传递主题的作用。如果将其设置为版面中最大的尺寸，那么就可以将阅读者的视线顺利地吸引过来。

解说词

详细说明图片内容的文字。大多数情况下会选择尺寸小但可读性高的哥特体（Gothic 字体）⊖，经常使用的尺寸是 1.75~2.50mm。

导语

因为它总结了主旨，所以要放置在和标题邻近的地方。大小设置与正文相同或者比正文的字号稍大一些。

むかし、むかし、大むかし、ある深い山の奥に大きい桃の木が一本あった。大きいとだけではいい足りないかも知れない。この桃の枝は雲の上にひろがり、この桃の根は大地の底

⊖ 对应中文字体中的黑体。——译者注

正文

文章的主体部分，拥有将整体的内容切实传递给阅读者的作用。面向小学生或者上年纪的阅读者时，字符尺寸要大一些，青年阅读者更喜欢 3.00mm 左右的字体大小。

小标题

总结正文内容的部分，一般比正文字体大 0.50~0.75mm。

桃から生れた桃太郎

むかし、むかし、大むかし、ある深い山の奥に大きい桃の木が一本あった。大きいとだけではいい足りないかも知れない。この桃の根は雲の上にひろがり、この桃の枝は大地の底の黄泉の国にさえ及んでいた。何でも天地開闢の頃おい、伊諾の尊は黄最津平阪に八つの雷を却けるため、桃の実を礫に打ったという。――その神代の桃の実はこの木の

新闻类

由于文字量大，很多人都是一边快速滚屏一边阅读，使用的是 15~16px（4.50~4.80mm）大小的字体。

网络媒体

在以文章为主且文字量较大的新闻类网站中，为了提高文章的可读性，一般使用大号字体。相反，在博客等重视版面的网站，会使用稍小一些的字体，并且会在版面中扩大留白，使版面看起来更时尚。

文字サイズ 16px

文字サイズ 15px

文字サイズ 14px

文字サイズ 13px

博客类

在重视版面设计的网站中，13~14px（3.90~4.20mm）的字体很受欢迎。

目标群体

根据目标群体的年龄不同，易于阅读的字体大小也不同。面向孩子或者年长者的话，字体要大一些；面向青年人的，在看起来更年轻一些的版面中，更适合使用小一些的字体。字体的尺寸越大，在版面中用到的空间就会越大。在希望呈现出时尚感的版面中，要调小字体尺寸，扩大留白。

例 ❶

面向年长者的书籍
3.50~3.75mm

むかし、むかし、大むかし、ある深い山の奥に大きい桃の木が一本あった。大きいとだけではいい足りないかも知れない。この桃の枝は雲の上にひろがり、この桃の根は大地の底の黄泉の国にさえ及んでいた。何でも天地開闢の頃おい、伊諾の尊は黄最津平阪に

例 ❷

便携书
3.00~3.25mm

むかし、むかし、大むかし、ある深い山の奥に大きい桃の木が一本あった。大きいとだけではいい足りないかも知れない。この桃の枝は雲の上にひろがり、この桃の根は大地の底の黄泉の国にさえ及んでいた。何でも天地開闢の頃おい、伊諾の尊は黄最津平阪に八つの雷を却けるため、桃の実を礫に打ったという、——

その神代の桃の実はこの木の枝になっていたのである。この木は世界の夜明け以来、一万年に一度実をつけていた。花は真紅の衣蓋に黄金の流蘇を垂らしたようである。実は——実もまた大きいのはいうを待たない。が、それよりも不思議なのはその実は核のあるところに美しい赤児を一人ずつ、おの

例 ❸

面向小学低年级学生的教科书
3.50~4.00mm

むかし、むかし、大むかし、ある深い山の奥に大きい桃の木が一本あった。大きいとだけではいい足りないかも知れない。この桃の枝は雲の上にひろがり、この桃の

例❹

面向 20 岁群体的杂志
2.50~3.00mm

むかし、むかし、大むかし、ある深い山の奥に大きい桃の木が一本あった。大きいとだけではいい足りないかも知れない。この桃の枝は雲の上にひろがり、この桃の根は大地の底の黄泉の国にさえ及んでいた。何でも天地開闢の頃おい、伊諾の尊は黄最津平阪に八つの雷を却けるため、桃の実を礫に打ったという、——その神代の桃の実はこの木の

例❺

报纸
2.75~3.25mm

むかし、むかし、大むかし、ある深い山の奥に大きい桃の木が一本あった。大きいとだけではいい足りないかも知れない。この桃の枝は雲の上にひろがり、この桃の根は大地の底の黄泉の国にさえ及んでいた。何でも天地開闢の頃おい、伊諾の尊は黄最津平阪に八つの雷を却けるため、桃の実を礫に打ったという、——その神代の桃の実はこの木の枝になっていたのである。この木は世界の夜明以来、一万年に一度花を開き、一万年に一度実をつけていた。花は真紅の衣蓋に黄金の流蘇を垂らしたようである。実は——実もまた大きいのはいうを待たない。が、それよりも不思議なのはその実は核のあるところに美しい赤児を一人ずつ、

例❻

面向 30 岁群体的杂志
3.25~3.50mm

むかし、むかし、大むかし、ある深い山の奥に大きい桃の木が一本あった。大きいとだけではいい足りないかも知れない。この桃の枝は雲の上にひろがり、この桃の根は大地の底の黄泉の国にさえ及んでいた。何でも天地開闢の頃おい、伊諾の尊は黄最津平阪に八つの雷を却けるため、桃の実を礫に打ったという、——その神代の桃の実はこの木の枝になっていたのである。この木は世界の夜明以来、一万年に一度花を開き、一万年に一度実をつけていた。花は真紅の衣蓋に黄金の流蘇を垂らしたようである。実は——実もまた大きいのはいうを待たない。が、それよりも不思議なのはその実は核のあるところに美しい赤児を一人ずつ、おのずから孕でいた桃太郎は鬼が島の征伐を思い立っ

要有所区别

在设计报纸的标题或者书籍封面的时候，重点是"跳跃率"。通过按照重要度顺序来改变字符的大小，可以瞬间让阅读者找到目标信息。最先将结论展现出来，然后再展示细节，这样的设计会令人更容易理解。这一点会在很大程度上影响商品的购买量或者网站的访问量。

本日限定
50%OFF!!
クーポンGET

全ての人に！クーポンショップから毎日発行！

クーポン利用期限 / 本日 23：59 まで
売り切れる前に今すぐCHECK!!

低跳跃率的案例

这种设计仅看一眼很难理解想要传递的信息。

什么是跳跃率

文字的尺寸比值被称为"文字的跳跃率"。尺寸差别大的"跳跃率高",
而几乎没有什么尺寸差别的"跳跃率低"。当跳跃率高的时候,给阅读者
的视觉冲击感会变强烈,并给人很有活力的印象。当跳跃率低的时候,虽
然给阅读者的视觉冲击感会变弱,但是会给人留下稳重、冷静的印象。

高跳跃率的案例

有主次之分,广告的诉求点可以直观地映入眼中。

要有优先顺序

为了将希望传递的信息的重要度进行形象化，需要通过改变跳跃率来增加主次感。将 p.024 的文字版式改为 p.025 的样子，就可以将阅读者的视线吸引至你所希望他们关注的关键词上。让我们一起通过几个实例，一边进行比较一边试着分析。

优先顺序 ❶

在销售广告中，折扣率通常是一个非常重要的因素。
通过强调数字，就可以将信息非常直接地传达。

优先顺序 ❸

"本日限定"这样很实惠而且特别的信息，阅读者会非常感兴趣。

优先顺序 ❹

对会被"得到优惠券"这样的亮点吸引的人，
即使信息字符再小，他们也会认真阅读。
关于销售的详细信息需要集中在一起。

优先顺序 ❷

广告的宗旨是希望能够引发消费者为了获得打折券而采取"行动"。
通过提高跳跃率来提高关注度，引起阅读者的兴趣。

跳跃率和色彩的组合

即使跳跃率高
也会缺少主次感

即使文字的跳跃率高，但如果没有色彩的对比，直观理解也会比较难。

通过色彩的对比
增强印象

和上面的例子比较来看，即使文字的大小相同，但通过色彩的对比，大的文字会让人感觉变得更大了。

通过尺寸和色彩
增强主次感

当有几个要点都希望引起阅读者注意的时候，要发挥跳跃率和色彩对比的力量进行设计。即使跳跃率比较低，也可以通过给需要突出的信息加入色彩的对比进行强调。

在希望改变设计印象的时候，改变跳跃率这个方法是非常有效的。在希望给人留下力量感十足、活力感十足，或者整体氛围很高贵、很稳重的印象的时候，只用跳跃率这一点就可以实现。所以要思考设计是为了向什么人群传达什么信息，然后再高效地利用跳跃率进行设计。

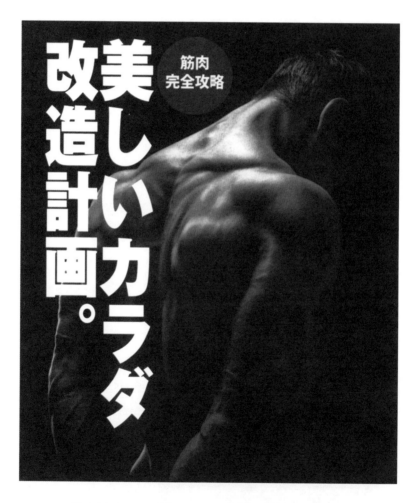

给人健康、力量感十足、充满跃动感印象的案例

这是能让人感受到肌肉的力量、重量级的设计。

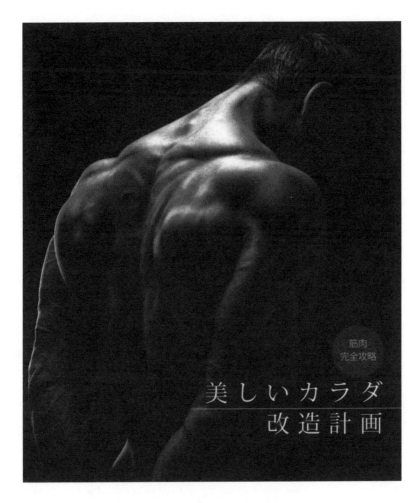

筋肉
完全攻略

美しいカラダ
改造計画

给人高贵、奢华、稳重印象的案例

肌肉的美感得以强调，是让人感觉到细腻并且宁静的设计。

整理留白部分

在设计以及排版的时候会经常用到"留白部分（White Space）"这个词，这是在文字设计中最重要的要素。通过控制字间距、行距以及边距等形成的空白面积，易读性会显著提高。我们一起来理解一下留白的规则和效果。

留白的比例

字间距＜行距＜段间距

窄　　　　　　　　　宽

行距　　　　　　　　字间距　　　　　　　　段间距

> むかし、むかし、大むかし、ある深い山の
> 奥に大きい桃の木が一本あった。大きいと
> だけではいい足りないかも知れない。この桃
> の枝は雲の上にひろがり、この桃の根は大
> 地の底の黄泉の国にさえ及んでいた。何で
> も天地開闢の頃おい、伊諾の尊は黄最津平
> 阪に八つの雷を却けるため、桃の実を礫に
> 打ったという、――その神代の桃の実はこ

> の木の枝に
> ていたの
> る。この木
> 界の夜明以
> 一万年に一
> を開き、一
> に一度実を
> ていた。花

在把文字认为是"黑色"的情况下，其他白色的部分就是留白部分（White Space）。字间的空白要比行间的窄，行间的空白要比段间的窄。一旦打破了这样的平衡，阅读者会因为不知道该按照怎样的顺序来阅读文章，使其理解起来变得困难。所以要注意设置留白的规则，设计出易于阅读的文字组合。

行距

根据行距的不同，阅读的难易程度会发生很大的变化。行距和文字的大小有很强的关联性，文字越小越有必要将行距设置得宽一些；文字越大，即使行距比较窄也会容易阅读。一般情况下，在阅读纸媒体时文字比较容易靠近脸部，所以将行距设定为字体大小的 0.50~1.75 倍。而在浏览网络媒体时，大多数人的阅读速度都会比阅读纸媒体的速度快，而且是一边滚动页面一边阅读的，所以行距大多设定为字体大小的 1.5 倍以上。

纸媒体的行距

字体大小的
0.50~1.75 倍
会易于阅读

　　むかし、むかし、大むかし、ある深い山の奥に大きい桃の木が一本あった。大きいとだけではいい足りないかも知れない。この桃の枝は雲の上にひろがり、この桃の根は大地の底の黄泉の国にさえ及んでいた。伊諾の尊は黄最津平阪に八つの雷を却けるため代の桃の実たという、——その神代の桃の実はこの木の枝になってである。この木は世界の夜明以来、一万年に一度花を開き、一万年に一度花を開た。花は真紅の衣蓋に黄金の流蘇を垂らしたようである。実

网络媒体的行距

字体大小的
1.50~1.70 倍会让人
觉得读起来很舒适

　　むかし、むかし、大むかし、ある深い山の奥に大きい
桃の木が一本あった。大きいとだけではい知れな
かも知れない。この桃の枝は雲の上にひろ桃の根
の根は大地の底の黄泉の国にさえ及んでい

文字与边距

这一节将说明文本框周边的留白，即没有放置任何要素的空白区域"边距（Margin）"。通过在文本框周边留下边距，可以突出有文字的部分，让阅读者可以集中阅读。让我们一边看具体的实例，一边确认文字与边距之间的关系。

文字周边要扩大边距

左边文本框由于留白少，文字造成的黑色面积较大，所以会给人留下文字很拥挤且不好阅读的印象。通过在文字块的周边留白，可以使版面清爽且容易阅读。另外，上下左右都设置均等的边距，这样的规律性设计可以给阅读者安定感。

通过边距增强空间对比

在小标题中经常使用有字体背景的设计，此时也要扩大文字与背景边缘的边距。这就类似于将家具满满地堆在 $6.00m^2$ 左右的房间和将同样的家具放入 $16.00m^2$ 的房间中，开放感是不同的。左边例子给人的印象就像是挤在狭小的箱子里一样有憋屈的感觉。与此相比，在右边宽敞的背景下，墨色的背景色和白色文字的对比会提高阅读的便利性。

调整前
差

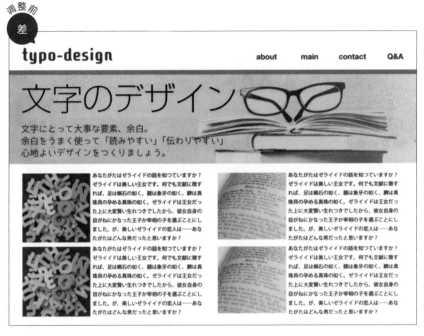

调整后
棒

上面的示例中，由于文字和图片这两个要素是连接在一起的，所以会给阅读者造成很拥挤的感觉。而下面的示例设计了很宽的边距，看起来文字和图片是彼此独立的。白色的空间成了眼睛的休息之处。

版面与边距

排版时的最初操作，就是决定版面四周边距大小，这样会更容易决定设计的方向性。边距狭窄的设计，会给人饱满并且跃动感很强的印象，所以文字的跳跃率必然就会变高。让我们一起来了解下符合目标形象的边距设计。

边距狭窄的示例

在商品目录等希望传递丰富信息的资料的设计中，如果将版面设计得比较宽大，效果会很好。
如果在版面中紧密地塞入信息，会给人留下杂乱的印象并且会给阅读者造成视觉压力。

通过边距设定改变印象

我们将可以放置文字或者图片等要素的区域称为"版面"。左边例子的版面比较宽大，可以将各要素排布在里面，给人"丰富""有活力"等印象。与此相反，如果像右边例子这样版面比较小，边距比较大，更适合"高贵""宁静"风格的版式。

边距宽的案例

在品牌的形象广告中，为了表达高级感、优质感和稳重感，会把相关要素都紧凑地放置在版面内。通过增加空白的面积、降低文字的跳跃率，高贵感会更上一层楼。

字间距

人的心理可以通过字间距来表达。例如，如果想表达紧急的感觉，可以成比例地将字间距缩小来表达紧张感。如果想表达悠闲、散漫的感觉，可以将字间距放大一些，这样会给人有余地的、舒畅的印象。

むかし、むかし、大むかし、ある深い山の奥に大きい桃の木が一本あった。大きいとだけではいい足りないかも知れない。この桃の枝は雲の上にひろがり、この桃の根は大地の底の黄泉の国にさえ及んでいた。何でも天地開闢の頃おい、伊諾の尊は黄泉平阪に八つの雷を掛けるため、桃の実を礫に打ったという。——その神代の桃の実はこの木の枝になっていたのである。この木は世界の夜明以来、一万年に一度花を開き、一万年に一度実をつけていた。花は真紅の衣蓋に黄金の流蘇を垂らしたようである。実は——実もまた大きいのはいうを待たない。が、それよりも不思議なのはその実は核のあるところに美しい赤児を一人ずつ、おのずから孕でいたことである。桃から生れた桃太郎は鬼が島の征伐を思い立った。

思い立った訣はなぜかというと、彼はお爺さんやお婆さんのように、山だの川だの畑だのへ仕事に出るのがいやだったせいである。その話を聞いた老人夫婦は内心この腕白ものに愛想をつかしていた時だったから、一刻も早く追い出したさに旗とか太刀とか陣羽織とか、出陣の支度に入用のものは云うなり次第に持たせることにした。のみならず途中の兵糧には、これも桃太郎の註文通り、黍団子さえこしらえてやったのである。

桃太郎は意気揚々と鬼が島征伐の途に上った。すると大きい野良犬が一匹、饑眼を光らせながら、こう桃太郎へ声をかけた。

「桃太郎さん。桃太郎さん。お腰に下げたのは何でございます？」

「これは日本一にっぽんいちの黍団子だ。」

缩小字间距，营造紧张感

在新闻等希望尽早将信息传递出去的内容中，文字间的距离要近一些。

字间距

紧凑 ←————————————————————→ **宽松**

尽快传达 　　　　　　　　　　　　　　　　认真阅读

报纸或是杂志等所载的都是希望将信息尽早传播出去的内容，所以要缩小字间距，让阅读者快速地将文字一个一个读过去。在绘本或是诗歌这类希望可以被认真阅读的内容中，要把字间距扩大，让阅读者一个字一个字慢慢地阅读。

真紅の衣蓋に黄金の流蘇を垂らしたよき、一万年に一度実をつけていた。花は世界の夜明以来、一万年に一度花を開木の枝になっていたのである。この木はたという、──その神代の桃の実はこのの雷を却けるため、桃の実を礫に打っ頃おい、伊諾の尊は黄最津平阪に八つにさえ及んでいた。何でも天地開闢のり、この桃の根は大地の底の黄泉の国れない。この桃の枝は雲の上にひろが大きいとだけではいい足りないかも知山の奥に大きい桃の木が一本あった。むかし、むかし、大むかし、ある深い

扩大字间距

绘本等希望阅读者一个字一个字地认真阅读的内容，要将文字的间隔扩大，营造宽松感。

字偶间距缩放

字符与字符之间的间隔（字间距）即使设定为同样的数值，但由于字符形状的关系，有时候看起来好像也不是很整齐。这一点不仅影响到视觉美感，有时候还会因为字符间距导致阅读者将某一个词认为是另一个词语而导致误解。此时就需要手动进行"字偶间距缩放"了。

第1步

了解字形

JAPAN

在上面的这个示例中，"J"和"AP"以及"AP"和"AN"之间的距离比较大，容易让读者分开去看这个词。另外，"AP""AN"的笔画的装饰部分看起来就像是紧贴在一起的。

JAPAN

让我们来看看字母间空白的部分。从黄色部分中可以看出每个字母间的面积是不同的。字母是由直线、斜线及曲线构成的。我们先来看"J"和"A"，"J"的直线如果和"A"的斜线相邻的话，由于相邻部分是分开的，所以看起来会感觉字母间的空间有些大。

第2步

根据组合进行调整

在字母中，有斜线的字母（如 A、K、V、W、Y、P），以及部分相交的字母（如 F、L、T）等如果相邻，要调整它们的间距。另外，如果小写的"r"和"n"太近，容易被误读为"m"，所以也要进行调整。字间距的调整没有完全正确的规则。设计者需要将整体版式调整得看起来感觉美观、易读。

第3步

使用字偶间距进行整理

用光标选中希望调整字间距的部分，然后按住 option（ Alt ）键，扩大字间距点击 → 键，缩小字间距点击 ← 键。当将"字偶间距"的值设定为"0"时，如果进行了上述调整，那么字符面板的"字偶间距"的数值就会发生变化。

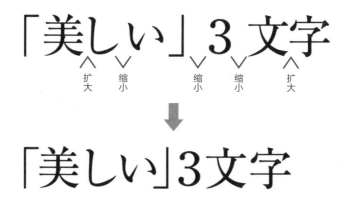

在日文排版时，汉字的字间距看起来会小一些，但是平假名或者片假名的字间距看起来会大一些。特别是像"っ""ョ"等表达促音或者拗音的字符，它们的尺寸比较小，空白处看起来会更加显眼。另外，数字、括号、顿号、句号等的间隔也非常的大。如果进行了手动的整理和调整，文章就会变为更精致的文字组合。

2

スモークブルー。

新色キトーンは、主役にも脇役にもなれる色。
ブルーアッシュの「#モノトーン割り」を召し上がれ。
フィンのようなベールをかぶせて程よいくすみを与える

New Color ■ Monotone × *Used Color* ■ Blue ash

对象

全国的美容师

×

目标

希望大家了解
并使用护发产品

×

案例

"季节限定"娜普菈（napla）
2017SS

经营护发产品的品牌娜普菈（napla）
一年发行两次（春夏·秋冬）面向
美容师的产品手册。建议将适合当
季的染发色，像时尚、化妆类杂志
的呈现方法一样进行版面设计。

通过设置很宽的边距，提高文字的存在
感，并且营造出高贵且宁静的氛围。另
外，将主题形象和标题以外的要素都尽
量最小化，这样可以让人的目光集中在
图片上，"烟蓝色（Smog Blue）"的
色彩名称和图片得以被强调。

色彩名称被放置在非
常充足的留白中当作
标题很有存在感。根
据整体的留白空间，
将字间距扩大，看起
来会很舒适。

相对于字间距较大的标题，
引导语的文字组合显得比较
挤，整体没有统一感，让阅
读者感到违和。引导语也要
扩大行间距，制造留白。

如果将所有文字的字间距都扩大，会丧失节奏感，反而会
让人看不到有用的信息。所以在进行设计前要明确文字内
容是装饰信息，还是需要认真仔细阅读的内容。所以要考
虑好将信息以怎样的状态呈现出来后，再进行字间距的设
定。在这里将色彩名称的字间距缩小，因为它是需要"被
阅读"的信息。

完善细节

通过调整整齐度、尺寸、跳跃率、留白等，资料的可读性是不是变得非常高了呢？若像填平凹凸之处一样，继续调整细节部分，会使文字以及文章变得更加易读。

✕

「約物（読点、句点、カッコ）」などの約物や文字組みアキ量設定で調整すると、本文が読みやすくなります。

「約物（読点、句点、カッコ）」などの約物や文字組みアキ量設定で調整すると、本文が読みやすくなります。

如果文章中还混有括号、逗号等标点符号，根据字符形状的不同，字间距有可能会看起来比较大。例如，在报纸这类希望将信息尽早传递出去的媒体中，如果某段文字的字间距较大，阅读者就无法按照很好的节奏进行阅读。为了能够正确且快速地将信息传递出去，一定要在设计的时候关注并考虑细节。

标点符号

"美しい"文字

⬇

没有过分强调、
美观的设计

"美しい"文字

根据字体不同，引号的形状也是各式各样的。至少要选择一种让人看起来毫不刻意的设计。上面的例子中使用的引号有些强调过度了，而下面的引号就和文字很好地融合在了一起。

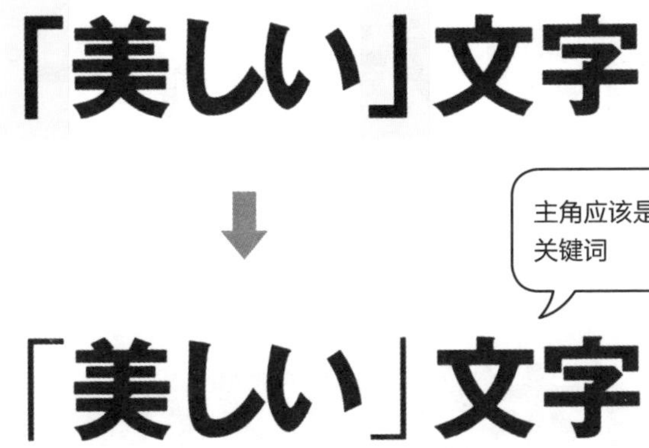

「美しい」文字

⬇

主角应该是
关键词

「美しい」文字

把符号变细的话，读起来会更张弛有度。符号起着区分名称等词语的补充说明作用。如果符号稍微细一些，那么符号内的文字就会被强调而更容易被看到。

要有所区别

(美しい)文字

字符的高度相同，
看起来更美观

(美しい)文字

在全角的文字中用半角括号的话，文字看起来好像是错位的。基准线如果不对齐，阅读起来会感觉比较奇怪，并且文字的流畅性被中断了，所以这种设计不能说是易读的。

タイポグラフィー

要明确大字符和
小字符的差别

タイポグラフィー

在日文中，如果大字符和小字符的区别非常明显，马上就会认出哪个是小字符，那么阅读过程就会变得简单起来。由于字体的不同，有时候小字符也会让人觉得有些大，所以会很难区分大字符和小字符，可能会引发阅读者的误读。

强弱对比

300円と500円

数字得到了强调，更易读

300円と500円

在小标题或者希望引人注意的地方，将使用的"年""月""日"或者单位这类的文字大小设置为数字大小的 1/3~1/2，就会有数字得到了强调的感觉，文章也就有了主次感。这是在重点销售产品的销售广告中经常可以见到的设计形式。

文字的变形

Design Font

如果希望字体看起来比较长，要用瘦长的字体

Design Font

要给标题性的文字压缩空间，或者是想给人留下精致时尚的印象时，要将字符进行拉长设计。在西文字体中，有被设计为长体的 Condense 字体。由于将文字比例做了调整，线条粗细度的平衡会被打破，所以不要调整长度，尽量直接使用 Condense 字体。

第 2 部分

吸引人的
文字

（让文字看起来更加具有魅力的 3 种技巧）

/////

在文字设计中有可以进一步提高传递信息效率的技巧。
这一部分将介绍让文字变得华丽而又"吸引人"的 3 种技巧。

01 **3 种技巧**

文字不只承担传递信息的作用，通过给希望
引人关注的标题或者文字图案加上一些设计
元素，也能够起到增强阅读者对相关信息印
象的作用。 另外，还可以通过改变字体赋
予形象以变化，或者进行一些修饰以引导
视线。设计不能以模糊不清的基准进行，
而是要将文字作为设计的主要元素来控制吸
引力。

技巧 **1.** 选择字体类型

决定设计的方向性

技巧 **2.** 区分主次

使用能让人一眼就发现关键词的手法

技巧 **3.** 修饰文字

为了完成想象中的设计效果的技巧

选择字体类型

字体是左右设计方向性的重要元素。选择字体的方法要点有很多，阅读者的嗜好、设计的氛围等都需要考虑。让我们一起理解每个字体类型的特征和性质，在实际操作中留心选择合适的字体类型。

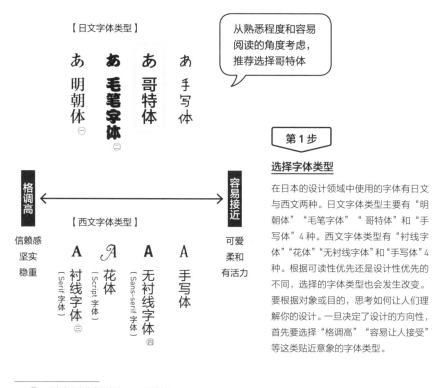

【日文字体类型】

あ 明朝体 ⊖

あ 毛笔字体 ⊜

あ 哥特体

あ 手写体

> 从熟悉程度和容易阅读的角度考虑，推荐选择哥特体

格调高 ←——————————→ 容易接近

【西文字体类型】

信赖感
坚实
稳重

A 衬线字体 （Serif 字体）⊜

𝒜 花体 （Script 字体）

A 无衬线字体 （Sans-serif 字体）四

A 手写体

可爱
柔和
有活力

第 1 步

选择字体类型

在日本的设计领域中使用的字体有日文与西文两种。日文字体类型主要有"明朝体""毛笔字体""哥特体"和"手写体"4 种。西文字体类型有"衬线字体""花体""无衬线字体"和"手写体"4种。根据可读性优先还是设计性优先的不同，选择的字体类型也会发生改变。要根据对象或目的，思考如何让人们理解你的设计。一旦决定了设计的方向性，首先要选择"格调高""容易让人接受"等这类贴近意象的字体类型。

⊖ 对应中文字体中的宋体。——译者注
⊜ 一种以毛笔笔触为基础的字体。——译者注
⊜ 笔画开始和结束的地方有额外的装饰，笔画的粗细会有所不同。——译者注
四 字母的笔画没有额外装饰的字体。——译者注

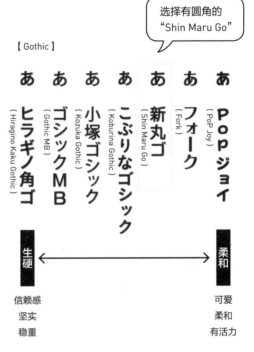

第2步

通过形状选择符合意象的字体

从选择的字体类型中进一步将设计意象具体化，然后精选字体。如即使是"哥特体（Gothic）"，还有"Gothic MB""Hiragino Kaku Gothic""Kozuka Gothic""Fork"等。仅仅一个哥特体就有各种各样的变形字体，而且各有特征。字体线条的边角越锐利越容易给人留下生硬的印象，边角越圆润则越容易给人留下柔和的印象。

第3步

选择粗细

在第2步中，将字体的意象通过"形"进行了选择；在第3步中，将从不同粗细的形象中选择合适的字重。在很多的字体类型中，都有各种字重（粗细）。较粗的字体会给人压迫感和很沉重的印象，越细就越让人觉得奢华而且更贴近女性形象。这种粗细也要结合目的进行区别使用。

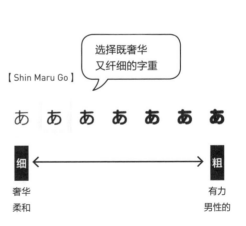

从漫画的拟声表现来解读

将角色的情绪或音量感以及情景形象通过文字进行表现就是漫画的拟声表现。从变形的插画中可以想象，当时的情景不仅依靠语言内容表达，而且和不同的字体以及文字的设计也有关系。即使是同样的语言，文字设计不同，给阅读者留下的印象也会发生很大的变化。

傲慢情绪的表现

超出漫画画框的文字字间距很小且字体较粗，能够表现出角色的强势和存在感。另外，从上下交错的表现笑声的文字中，可以感受到声音非常有弹性。

以"どん（咚）"来举例说明，使用平假名或片假名、有无长音符号或感叹符号都会造成不同的印象。平假名和线条比较粗的字体表现"存在感"，片假名和线条比较尖锐的字体表现"地动山摇般的声音"，字间距比较小的字体可以表现出"气势很足地登场的样子"等。不同的字体可以让阅读者想象出完全不同的场景。

脆弱的表现

在阴森气氛的漫画场景中，要用纤细的字体来表现这种柔弱且压抑的状态。另外，仿佛在震动一样的字体，可以让阅读者感受到漫画中人物不安定的精神状态。咳嗽的声音用字符的大小来形成强弱对比，可以表现出声音的音量变化。

情景的表现

在"暴风雨来临之前的宁静"这样的场景中，风摇动着树叶发出阵阵声音，通过使用棱角鲜明的由直线构成的字体，可以让阅读者感受到凛冽的寒风。比较粗糙、生硬的手写体，可以给阅读者留下噪音一样的印象。

明朝体是竖笔画粗，横笔画细，整体看起来干净利落的字体。字形中"点""钩""捺"等部分是其特征。它是从很早就开始被广泛使用的字体，可以给阅读者留下典雅、严格、正式、刚硬、和风等印象。即使是在文字量很多的文章里，它也是便于阅读者阅读的字体。

点
横笔画细
装饰角
捺
钩
竖笔画粗

明朝体

桃から生れた桃太郎

むかし、むかし、大むかし、ある深い山の奥に大きい桃の木が一本あった。大きいとだけではいい足りないかも知れない。この桃の枝は雲の上にひろがり、この桃の根は大地の底の黄泉の国にさえ及んでいた。

"Ryumin 字体"示例

国語

日本の学校教育における教科の一つ。国語の理解・表現などの学習を目的とする。

"教科书 ICA（Kyoukasho ICA）字体"示例

ネクタイの締め方

大剣を小剣の上からクロスさせます。クロスさせた大剣を、小剣の後ろに回し、一周するように巻いて、大剣の下に持っていきます。大剣を上に回して、正面の輪に通します。最後に小剣を引っ張り、襟元を整えたら完成です。

"Hannari Mincho 字体" 示例

薔薇

【バラ科バラ属】
主に観賞用に栽培される。トゲがあり、時につる性となる。花言葉は「愛情」だが、本数や色、部位、状態や組み合わせによっても変わる。

"Tsukushi A Old Mincho 字体" 示例

文字

日本語のローマ字化を云々する人々があるけれども、あれはをかしい。「ワタクシ」と四字で書き得る仮名をWATAKUSHIと九文字で書かねばならぬ愚かしさを考へれば、その無意味有害な立論であること、すでに明らかな話である。

"Kaimin Sora 字体" 示例

明朝体を選ぶ

"Shuei Mincho 字体" 示例

哥特体的横笔画和竖笔画粗细一样。与明朝体相比，由于黑色的面积更大，所以它是具有高识别性的字体类型。有由直线构成的字体和有圆角的字体等多种。可以给阅读者留下轻便、流行、有朝气、有力量等印象。

各笔画粗细相同

有些字体有圆角

没有装饰角等修饰

哥特体

むかし、むかし、大むかし、ある深い山の奥に大きい桃の木が一本あった。大きいとだけではいい足りないかも知れない。

"Kakumin 字体"示例

ヨガの効果

血液の流れを良くしたり老廃物を浄化させたり、自律神経の状態を整えたりする効果があります。心身の緊張をほぐし、心の安定とやすらぎを得るものです。

"Fork 字体"示例

ゴシック体を選ぶ

"Pop Joy 字体"示例

ゴシック体を選ぶ

"Aokane 字体"示例

ゴシック体を選ぶ

"Gospel 字体"示例

三角形の面積
= 底辺 × 高さ ÷ 2

"Hiragino Kaku Gothic 字体"示例

コンピュータゲーム

コンピュータによって処理されるゲームのこと。

"Comet 字体" 示例

美味しい卵焼き

【 材料 】
卵3個
お砂糖小さじ2
塩少々
油
材料をすべてボールに入れ、よく混ぜます。フライパンを温め、油をひき、卵を3回に分けて巻きます。

"Shin Gothic 字体" 示例

ゴシック体を選ぶ

"Gothic MB101 字体" 示例

パスタのゆで方

美味しいパスタ料理を作るにはゆで湯に入れる塩の分量が大切です。お湯に対して1％の塩加減が丁度よく美味しく茹であがります。

"Jun 字体" 示例

毛笔字体是有毛笔笔触的字体类型。与明朝体一样，有"点""钩"等装饰。既有竖笔画粗、横笔画细的字体，也有各笔画粗细相同的字体。这种字体类型给人以和风氛围、古典、有力的印象。

毛笔字体

益栽の手入れ

箸で食べる

"Pretty Momo 字体"示例

むかし、むかし、大むかし、ある深い山の奥に大きい桃の木が一本あった。大きいとだけではいい足りないかも知れない。

"Hakusyu Gyosyo Bold 字体（行书）"示例

毛筆

"勘亭流字体"示例

"Hakusyu Reisyo Extra Bold
字体（隶书）"示例

筆書体を選ぶ

"Manyo Gyosho 字体（行书）"示例

手写体是看起来像用铅笔或者钢笔写出来的字体类型，有用行书写的明朝体以及比较粗犷的哥特体。可以给阅读者留下轻便、柔和、可爱等印象。

手書き文字

"Haruhi Gakuen 字体"示例

行書で書く

"Kakushin Gyosho 字体"示例

えんぴつ

"Aquafont 字体"示例

カリグラフィー

"KafuMarker 字体"示例

かわいい書体

"HuiFont 字体"示例

手書き文字
を選ぶ

"Takapokki Min 字体"示例

设计目标和设计形象更适合哪种字体？
请选择适合的字体。

问题 1

副标题要选择哪种字体？

这是面向对于流行趋势非常敏感的年轻人的促销宣传页上登载的标签广告。里面介绍了希望阅读者可以模仿的穿搭提案。

1
旬アイテムと
着まわす！
Ryumin

2
旬アイテムと
着まわす！
Comet

3
旬アイテムと
着まわす！
HuiFont

答案请见 p.062

问题 3

小标题要选择哪种字体？

问题 2
标题要选择哪种字体？

用于介绍守护着日本传统文化的匠人们技艺的展会的宣传页，展示了和服花纹的细节，这是让阅读者可以想象出传统工艺的设计。

1 匠
Ryumin

2 匠
勘亭流

3 匠
Hakusyu Gyosyo Bold

答案请见 p.062

左侧（p.60 下方）是艺术周刊的封面设计图。正刊中登载了非常多的重大新闻。

1
あの時の
あの話
Ryumin

2
あの時の
あの話
Gothic MB101

3
あの時の
あの話
Shin Gothic

答案请见 p.062

问题 4
宣传语要选择哪种字体?

这是高档品牌化妆品的平面广告(DM)设计图。这个广告以30~40岁、追求高品质生活的女性为目标人群,将干练的女性形象作为主元素。

1
秋 の 新色
始 まる
Futo Min A101

2
秋 の 新色
始 まる
Shin Gothic

3
秋 の 新色
始 まる
Greco

答案请见 p.063

答案

问题 1 ▷▷▷ 答案 3
3 是手写体,可以表现出可爱和容易亲近的感觉。1 会给阅读者生硬枯燥的印象。2 虽然在设计字体中会有一些好玩的元素,但是笔画的角有些尖锐,会给阅读者留下锐利的印象。

问题 2 ▷▷▷ 答案 3
3 是毛笔字体,可以体现出传统、和风及力量感。1 明朝体虽然与和风风格很配,但是在手工艺的这一形象表达上还是有所欠缺。2 虽然也是毛笔字体,但因为有圆角,所以会给阅读者流行、可爱的印象。

问题 3 ▷▷▷ 答案 2
2 的文字很容易被识别,字体较大较粗,被处理成紧密挨在一起的文字组合方式。1 的明朝体虽然也是比较粗的文字,但是由于横竖笔画的粗细不同,在文字多时使用,会给阅读者造成不好读的印象。3 是太粗太显眼了,且因为有圆角,所以看起来会有可爱的印象。不能体现重大新闻报道的权威性。

问题 5
标题中应该选择哪种字体？

这是与健康相关的杂志在电车吊环扶手上的广告。主题是为了让体力不足、有压力的壮年男性可以"在周末活动活动身体，从压力中得到解放"。

1
**週末ランナー
のススメ!!**
Ryumin

2
**週末ランナー
のススメ!!**
Shin Maru Go

3
**週末ランナー
のススメ!!**
Gothic MB101

答案见下方

问题 4 ▷▷▷ 答案 1
1 是奢华的明朝体，可以传达高级感以及充满女性味道的感觉。2 的字体圆润，会过多地给阅读者留下可爱、亲密的印象。3 的字体，根据使用方法不同也会产生高级感，但是由于字体有和风感，所以会与大都市的形象有一些偏离。

问题 5 ▷▷▷ 答案 3
3 是较粗的哥特体，可以体现出很强的力量感。1 虽然也是较粗的能够体现力量感的字体，但是在重量感上还是有所欠缺。2 虽然是较粗也有重量感的字体，但由于角是圆的，所以稍微会给阅读者一点儿柔和的印象。

技 巧

2

区分主次

标题是将整体内容直截了当地传递出来的最重要的元素。通过对想要强调的关键文字进行尺寸、颜色、字体调整，使之与其他设计元素有所区别，这样就会让阅读者更容易找到设计者最想传递的信息。

ヴァイオリン
コンサート

日時：10月28日（日）
場所：ABC文化ホール
開場13：30
開演14：00

入場無料

难以捕捉到重要信息

虽然文字有大小变化，但是没有在字体的变化方面花心思，会让阅读者感觉很单调。

通过不同的元素进行区别

在若干个文字中，如果只给其中一个字加上不同的颜色，或将它变为不同的字体，这个字就会和其他文字有所区别而引起大家的注意。但是如果过度地改变字体和颜色，那么整体设计就会变得杂乱无章而无法起到应有的作用。

给想要强调的文字增加变化

通过对文字进行张弛有度的调整，信息就会得到相应的处理，从而引起大家的注意。

标题的表现

运用设计的技法，让阅读者优先阅读资料标题和小标题。在构成要素比较多的版面中，文字信息容易被埋没在其中，所以有必要强调标题的存在感。让标题比较醒目的同时，也需要注意不要过度地设计。

第1步

决定想要强调的关键词

从标题中选出想要强调的关键词，然后定好优先顺序。在下面的例子中，我们把"人気作家から学ぶ"作为副标题，把"日本語のおもしろさ"作为主标题。将最想强调的关键词定为"日本語"。

副标题　**人気作家から学ぶ**

主标题　**日本語のおもしろさ**

第2步

探索可以用来进行强调的设计方法

强调文字的方法各式各样，比如"改变大小""改变字体""改变颜色""用颜色或者边框包围"等。下面让我们来探讨一下接近设计理念的方法。

☑ 改变大小
☑ 改变字体
☑ 改变颜色
☑ 包围
☑ 下划线

......

各种标题的展示方法

[改变大小]

人気作家から学ぶ
日本語のおもしろさ

"Gothic MB101 R"

人気作家から学ぶ
日本語のおもしろさ

"は""の""が""を"等助词是不会被单独使用的，如果让它们比周围的文字小一圈，前后的文字就有被强调的感觉，因而变得容易被识别出来了。将其变小后，在横排版时对齐基准线，在竖排版时居中对齐，就可以完成具有平衡感的优美的文字组合。

[改变字体]

人気作家から学ぶ
日本語のおもしろさ

"Gothic MB101 R"

"Gothic MB101 R"

人気作家から学ぶ
日本語のおもしろさ

"Ryumin R"

"Gothic MB101 R"

利用哥特体和明朝体的性质差异，可以起到强调主标题的作用。请选择能让关键字更显眼的字体。

[哥特体 + 明朝体]

人気作家 から 学ぶ
日本語 の おもしろさ

"Gothic MB101 B・L"

"A1 Mincho"

将"人気作家"用粗体字适度强调，主标题选择明朝体营造和风的氛围。

 日本語 の おもしろさ

"Ryumin B"

"Maru Folk M"

副标题用色块进行了装饰，即使字体小也会有一定的存在感。主标题选择兼备刚直及柔和之感的哥特体，这样就可以完成以"おもしろさ"为焦点的设计。

[组合]

人気作家 から学ぶ 日本語 の おもしろさ

"TakaHand"

"Tsukushi B Round Gothic E"

主标题是使用"Tsukushi B Round Gothic E"字体的空心文字（白色）和正常文字（黑色）的组合，利用这种对比实现了对关键词的强调。

人 気 作 家 か ら 学 ぶ
日本語 の おもしろさ

"Koburina Gothic W3"

"Tsukushi B Round Gothic E"

在使用相同字体类型的基础上进行加工以增加变化。通过将"日本語"的文字增加轮廓线和发光效果来进行强调。

[仅改变一个文字]

に
ほ　ご
本語のおもしろさ *"Koburina Gothic W6"*

将关键词中的一个文字变大作为强调的重点。进一步将"日"这个文字作为关键字，用有象征性的"红日"来进行设计，可以增强其含义。

日本語のおもしろさ *"A1 Mincho"*

将关键词中的一个字进行倾斜处理，打破整列的平衡以突出重点。虽然在直线整齐排列的文字中有了倾斜处，但可以通过这种动态设计让整句话产生节奏感。

[改变颜色・改变粗细]

\ 人気作家から学ぶ / *"Gothic MB101 DB"*
日本語 の おもしろさ *"Gothic MB101 B・R"*

仅将想要强调的关键词的颜色进行改变，可以让它更容易被发现。如果使用关键词的形象色或者照片中的主题色，那么效果会更好。

\ 人気作家から学ぶ / *"Gothic MB101 DB"*
日本語 の おもしろさ *"Gothic MB101 M・L"*

通过给想要强调的关键词增加绚烂的色彩，可以给阅读者留下丰富且愉快的印象，并获得阅读者的关注。另外，如果再增加线条粗细的变化，效果会更好。

强调色

设计时使用的颜色，有基础色、主色、强调色这 3 种颜色元素。如果不能正确地理解每一种配色效果以及配色比例，那么就无法起到增加变化的作用。强调色基本上要设定为最显眼的色彩，如果选择亮度和饱和度与基础色不同的颜色，会更好地体现整体的平衡感。

在设计时如果有意识地将配色比例定为基础色：主色：强调色 =7 : 2.5 : 0.5，强调色会有更突出的效果。占据面积最大的颜色就是基础色，用于背景等地方。占据面积第二大的就是主色，它是决定设计印象的关键颜色。虽然占据最小面积，但是最能集中视线的就是强调色。通过加入一点儿强调色，可以升华单调的设计。

大好きなハワイの*Color*、
見つけました。

自然、街並み、食べ物……あらゆるものに彩りと命を与える色。どれも見ているだけで
幸せな気分になれる。それはきっとハワイがつくり出す"幸せの色"のおかげかも。

Rainbow

見つけるとつい笑顔になる
「レインボー」は
カラフルな魔法

7色が重なり合って生み出される美しい一本の架け橋。ふと空を見上げて出会えたら、ハッピーな気分になれる。

たとえば車のナンバープレート、お店の看板、シェイヴ・アイスのシロップ。ハワイには虹があふれている。にわか雨の後にすぐ晴れて虹が出るハワイはさらに「虹の州」。そしていろんな人が集まるハワイは、いろんな色でできた虹そのものなのだ。今日はどんな出会いがあるだろう？そんなときめきに満ちている。

6

Mapple PLUS Honolulu（昭文社）
并没有规则规定强调色只能用一种颜色。如果强调色占总面积 5% 左右，就像上面的案例一样，使用 7
种颜色也是可以的。在这个案例中，基础色为白色，主色为黑色，而强调色用的是彩虹色。

技 巧

3

修饰文字

通过改变字形、添加装饰元素等方式，可以让文字变得华丽起来，从而更加吸引阅读者视线。但仅仅为了使整体丰富起来而进行装饰的话，设计就会变得杂乱无章。所以要选择好想要强调的关键词，再施以适当的修饰。这样做就可以提高传递关键信息的效率。

展示用的装饰文字设计

作为装饰而设计的"PARIS"，营造出了可爱的气氛。

装饰文字

与重视可读性的信息文字不同，还存在为了表达设计的装饰文字。虽然装饰文字不是绝对必要的信息，但是却有吸引阅读者关注信息的效果。所以装饰文字要和希望被阅读到的文字有明显的区别。下面会针对在设计时经常用到的日文和西文字体组合的案例进行解说。

日本語のおもしろさ

—— *Interest in Japanese* ——
日本語のおもしろさ

JAPANESE
日本語のおもしろさ

当两种语言同时出现的时候，阅读的优先顺序在无意识中就会偏向比较熟悉的语言。要利用这个心理将其他语言设计为装饰文字。在上面的案例中，第一种是将英文字体缩小再变为花体的处理方式，第二种处理方式是将英文颜色变淡铺在日文下方作背景。这样，标题的内容会更加突出，文字信息会更有魅力。

✕

—— **Interest in Japanese** ——
日本語のおもしろさ

JAPANESE
日本語のおもしろさ

在上面的案例中，作为装饰的英文过于显眼，与希望让阅读者认真阅读的信息没有明显区别开。如果将一部分作为装饰，千万不要影响希望被阅读者看到的关键文字，所以要降低这一部分装饰文字的可读性。

修饰的各种方式

[用符号来修饰]

日本語 & 英語   日本語 英語

通过改变 "&" "+" "￥" "%" 等符号的大小或者颜色来进行强调，可以提高希望被阅读的文字信息的关注度。

"日本語" のおもしろさ！

将 "！" "？" "#" "*" 等标点符号打乱了来用也是一种修饰方式。因为这些并不是必要的元素，所以作为装饰有所区别就可以。

[变形]

日本語 のおもしろさ

将文字变为斜体或者将其拉长，整体氛围就会变得和正常的文字组合不同。因为哥特体各笔画粗细一样，所以即使变形了也有很好的可读性。

日本語 のおもしろさ

将文字调整为立体的，或者加入透视效果使之表现为图形。由于产生了纵深效果，使得文字的存在感得到了增强。但如果变形过度，会减弱其可读性，所以一定要注意。

[将文字全体包围]

日本語のおもしろさ

给标题加入标签或者胶带效果的设计元素，可以增强其存在感。为了和装饰文字有明显的差别，对标题的文字不做过多的设计加工，要尽量做到最简设计。

{ 日本語のおもしろさ }

将括号或者边框作为装饰来使用，可以对标题进行不着痕迹的强调。要注意作为装饰的括号，不能比标题文字显眼。

[将一部分包围]

日 本 語 のおもしろさ

将想要强调的关键词用虚线框围起来可以更显眼。没有围起来的文字，要和被围起来的文字用相同的颜色和字体。

日 本 語 の お も し ろ さ

在想要强调的关键词部分，可以用圆形或者星形作为背景放在文字下方进行装饰。因为形状有变化，所以除关键词以外的部分要用相同的字体，弱化其他设计元素的处理效果。

[部分修饰]

日本語 の おもしろさ

有一种让文字显眼的方法就是在想要强调的关键词上加入 "●" "○" "△" 等符号。
因为这是一种较含蓄的强调方法，所以要充分考虑配色来进行修饰。

日本語のおもしろさ

在想要强调的关键词下面，还可以用添加下划线等方式来引起阅读者的注意。如果加上
类似于马克笔或者水彩等笔触效果，可以给阅读者留下轻松的印象。

[添加纹理]

日本語 の おもしろさ

给文字填充纸或者布匹等粗糙、有光泽的纹理或者织物纹理等，就会实现很棒的设计效果。

日本語 の おもしろさ

当希望表现出较柔和、可爱的效果时，可以给文字添加水彩、铅笔等温润的纹理。这样
呈现出来的文字会让阅读者在不经意间就想去触摸，很容易给阅读者留下印象。

[图标化]

在元素比较多的版面中，如果想要传递重要的信息，将文字进行图标化、标志化处理会很有效果。将信息进行总结，然后用象征性的设计进行装饰，这样的设计瞬间就会让阅读者注意到关键信息。

1	2
3	4
5	

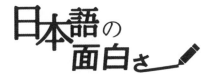

1. 将一个平假名作为象征的图标。圆日的红色和环绕的设计提高了关键字的形象化程度。**2.** 这个修饰方法是将关键词变为了英文的变形标志。 **3.** 将"Vol.2"等特辑或是连载编号以英文手写体字体形式插入也可以进行修饰。**4.** 将设计好的标题用丝带风格元素进行装饰的话，即使是在元素很多的版面中，也可以瞬间让阅读者找到这个信息。通过将主题的关键词和图形化的鹤进行象征化设计，会更易于传达内容。**5.** 将原来的字体破坏掉，然后加入带有动感的元素，可以表达出某种愉悦感。

正文的修饰

文字量比较多的正文，如果不能让阅读者产生兴趣，那么阅读者就会跳读。哪怕只是一点点的设计也可以引起阅读者的兴趣，这就要依靠设计的技巧了。这里将介绍在文章起始部分加以修饰而吸引阅读者视线的技巧。

首字下沉

> 改变字体进行装饰

むかし、むかし、大むかし、ある深い山の奥に大きい桃の木が一本あった。大きいとだけではいい足りないかも知れない。この桃の枝は雲の上にひろがり、この桃の根は大地の底の黄泉の国にさえ及んでいた。何でも天地開闢の頃おい、伊諾の尊は黄最

> 通过圆形装饰留下柔和的印象

むかし、むかし、大むかし、ある深い山の奥に大きい桃の木が一本あった。大きいとだけではいい足りないかも知れない。この桃の枝は雲の上にひろがり、この桃の根は大地の底の黄泉の国にさえ及んでいた。何でも天地開闢の頃おい、伊諾の尊は黄最

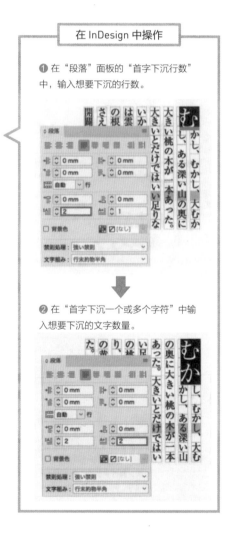

在 InDesign 中操作

❶ 在"段落"面板的"首字下沉行数"中，输入想要下沉的行数。

❷ 在"首字下沉一个或多个字符"中输入想要下沉的文字数量。

陸

地近くに、木曜島という真珠貝の沢山取れる有名な島があります。そこには何百人という日本人の潜水夫が貝をとっています。

三浦　そこに潜水夫のうちで、大海今太郎という少年潜水夫がいました。この人は貝をとる潜水夫のうちでも、名人とよばれた太海三之助の一人息子でありましたが、海亀を助けてやって、海亀に助けられたところから浦島というあだ名がついて、後には浦島今太郎という通名になって、誰も本姓太海を呼ばなくなりました。

増田　ある日、お父さん沖へ出て、空気を潜水夫へ送るポンプをせっせと動かしてゐると、すぐ船のそばの、チヤブ台ほどの大きさの海亀が一匹浮上上りました。

——者共は面白半分鉤をかけて、引上げてしまひました。「こいつの肉はうまいから、今夜一ぱい飲めるぞ」と、水夫の一人がに

三浦　「今太郎さん」と、一人の水夫はポンプを動かしながら言ひました。「すばらしく、おいしいスープを拵て、君にも、うんと喰さしてあげるよ」

——船板の上に、仰向にひっくりかへっている亀を、珍しさうに見ていましたが、これが今夜喰べられてしまう？

増田　何だかかはいさうなやうな気がしました。そして浦島太郎の昔話を思出しました。そのうち、水底にもぐっていたお父さんが真珠貝をとって、上って来ました。潜水兜をまづぬぐと、すぐ大きな亀に目をつけました。

三浦　「えらいものを捕ったね」と、三浦さんが言いました。「どうするつもり」と、さきの水夫が言ひました。「そりや親方勿論、喰べるにきまってゐ

青い海と船。
休日に想う島へ。

SEASON **024**
MEN'S TALK

青い大陸に向かって

若想将阅读者的视线吸引到照片中，使用的颜色种数要少。在此范例中，为了和照片中的蓝色的饱和度不同，使用了很稳重的同色系颜色修饰文字。即使首字小，但因为有背景颜色，它的存在感也可以被加强。

02 DTP 的小知识

DTP中使用的字体

字体的形式可分为3大类。在DTP中经常能被用到的是"PostScript 字体"和"OpenType字体"。PostScript字体的西文字体比较多，有"CID"和"OCF"两种编码形式，但是最近"OCF"编码形式已经基本上不被使用了。OpenType字体在Mac 和Windows 操作系统中都可以使用，在日本，森泽（Morisawa）和字体工厂（Fontworks）等字体公司的产品是比较有代表性的。TrueType字体多用于Windows 操作系统，使用Mac 操作系统的印刷厂会没有这个字体，它也存在解析度有限制等问题，因而被敬而远之。使用TrueType字体时需要进行轮廓化（Outline）后再将印刷文件交给印刷厂。

字体形式	Mac/Win	DTP	特　征
PostScript *a*	Mac	◎	Adobe 开发的轮廓字体：在 DTP 中可以放心使用。根据 Type0、Type1、Type2 等不同有几种。
		×	Adobe 和 Microsoft 公司共同开发的字体：是 Mac OS9 之前的操作系统可用的字体，在 Mac OSX 之后的操作系统中无法使用。
OpenType *O*	Mac Win	○	Adobe 和 Microsoft 公司共同开发的字体：在 Mac 和 Windows 两种操作系统当中都有相同的字体，有互换性。
		◎	虽然名称带"Std"的字体和文字的形状是一样的，但名称带"Pro"的字体收录的字数比较多。
TrueType **TT**	Mac Win	△	Adobe 和 Microsoft 公司共同开发的，低解析度用的轮廓字体。包括免费字体在内的字体数量很大，也非常普及。在 Mac 操作系统中使用的话，有必要进行轮廓化。

选择字体

确认图标

在 Illustrator 或是 InDesign 的"字符"面板中选择字体的时候，字体名的左侧有字体形式的图标。

3

第 3 部分

标题设计的
创意

（9 个秘诀及设计范例）

/////

标题是最应该引起阅读者关注的文字要素，

可以瞬间吸引阅读者的注意力，这一部分将通过使用原创的范例进行解说。

01 用色彩进行修饰

这是通过给关键词添加装饰色以使其变醒目的方法。使用这个方法可以将阅读者的视线自然地吸引至标题处，如果使用的颜色是企划内容中包含的颜色，那么就会在视觉上将相应的形象传达给阅读者。

加入颜色

りんごの
食べ方

Koburina Gothic W3

如果利用语言所带有的形象色彩等来修饰，相关信息会从视觉角度变得容易传达。

改变修饰方法

Koburina Gothic W3

通过设计赋予文字变化，可以让希望被关注的部分更加明显。

将一部分变为西文

RINGOの
食べ方

Helvetica Neue Medium（RINGO）
Koburina Gothic W3（の食べ方）

在加入了装饰色的前提下，再将一部分用西文表示，在设计上就会更富有变化。

色彩数过多

Koburina Gothic W3

如果过多地增加色彩数量，修饰的效果就会减弱。

☑ 在有两个以上关键词的情况下，要通过设计处理增加变化
☑ 使用的色彩过多时会有相反的效果，要引起注意

》》》 范例

对象	目标		案例
30~40 岁的女性	营造出夏季清爽的餐桌形象	×	料理杂志

用很清爽的配色强调了"夏"这一关键词。另一个关键词"时短"也用有轮廓线的白色文字营造出了轻快的感觉。另外，通过与"Recipe"交叉使用两种语言，达到了平衡感很好的对比效果。

强调代表核心的关键词

首先，要选定代表企划核心的关键词。选择使用和语言本身形象匹配的颜色。但如果增加了太多色彩，会丧失修饰的功能。在这个范例中，给最关键的词"夏"添加了颜色，其次的"时短"用有轮廓线的文字，在修饰中增加了变化。

如果将"时短"也增加颜色的话，视线无法集中。

使用字体 Ryumin EB-KL（夏）
Gothic MB101 B（の持ち寄り时短）

将一部分增加变化

将标题中的一部分改为西文，然后再调整一下角度，这样标题就会更加吸引阅读者的视线。

调整前

调整后

使用字体 Savoye LET Plain:1.0 Plain（Recipe）

赋予文字跃动感

为了可以将词汇中所拥有的形象和意思进行直观的传达，拟态表达是不可或缺的。通过给文字赋予动感和立体感，可以实现有跃动感的设计。

厚重感

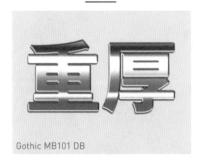

Gothic MB101 DB

给文字施以能够让人感到厚重感的设计，会给阅读者以视觉冲击，也容易给阅读者留下印象。

速度感

Gothic MB101 DB

给文字施以视觉残留处理及渐变处理，就可以表现出文字好像在动一样的速度感。

粗犷的样子

Hiragino Gyosyo W8

毛笔字体可以让阅读者感受到笔触压力，在想要表达压力或者强大力量的时候是非常有效果的。

改变色彩

Gothic MB101 DB

给文字添加与其形象相符的颜色，会更易于内容的传达。

☑ 将文字的形象通过视觉表现形式进行强调，可以实现诉诸直觉的传达方式
☑ 使文字表现出动感可以产生张弛有度的感觉，增强跃动感

⟫⟫⟫ 范例

── 对象 ──	── 目标 ──		── 案例 ──
30~40 岁的男女	传达爽快的形象	×	文化杂志

通过将"スーツ"设计为向深处延伸的形状，就可以表达出仿佛真的是风吹过带来了爽快感。另外，设计中还使用了能够增强清凉感的蓝色系颜色。

将文字的形象图像化

将关键的文字所代表的形象进行视觉化的表达。这样就可能实现诉诸感官的传达方式。通过加入一些变化，也可以对阅读者的视线进行引导。

调整前

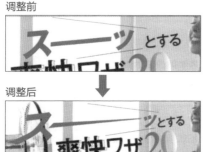

调整后

使用字体 Gothic MB101 DB（スーツ）
Gothic MB101 M（とする）

通过透视营造景深感

❶ 选择想要进行变形的文字，通过"创建轮廓"将文字轮廓化。

❷ 使用 ✏（倾斜工具），选择已创建轮廓的文字，将其变为任意形状。

如果能够提前画出想要的形状的草图，以此为基础达成的效果会和所希望的一致。

通过飞白文字体现质感

给文字加入飞白的效果可赋予其有质感的形象。即使要素的修饰及布局非常简单，也可能让其成为能给阅读者留下印象的设计。飞白文字当中也有各种类型，要选择使用和企划主旨相符的类型。

淡色飞白

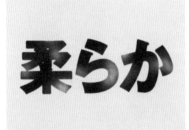

Gothic MB101 DB

这种淡色的飞白效果，可以给阅读者留下温柔的女性化的印象。

强力飞白

Gothic MB101 DB

就像是用锐利的刀刃留下的刮痕，可以给人一种有气势的、男性化的印象。

印章风格的飞白

Gothic MB101 M

使用像印章颜色有浓有淡一样的飞白效果，这种设计就像盖了一个章。

印刷风格的飞白

Tsukushi Old Mincho R

将文字边缘进行飞白处理后，就会呈现出像是用古旧的印刷机印刷出来的效果。

- ☑ 在设计中加入模拟的飞白效果，会增强给人的印象
- ☑ 将从内容中联想到的形象通过视觉传达

>>> 范例

对象	目标	案例
30~50 岁的男女	表现复古怀旧的氛围	文化杂志

根据特辑企划的内容把标题处理为飞白效果，表现出古董的质感。左上角的提示框和下划线也使用了同样的修饰方法，稳重感与给人的强烈印象可以被同时表达出来。

引入飞白文字可以加深印象

通过给文字施以飞白效果，设计出符合企划主旨的效果。如果面向女性可以用柔和淡雅的飞白效果，面向男性时可以用强力的飞白效果，根据内容和目标不同要区别使用。但是，过度的飞白效果也有降低可读性的风险，所以要注意在加工强度上不要影响到易读性。

飞白强度太大，文字会变得难以阅读。适度是很重要的。

使用字体 Gothic MB101 DB（著名人が所蔵する等）
Gothic MB101 B（アートな蔵書。）

01

输入文字

在 Illustrator 中输入想要做出飞白效果的文字。用"创建轮廓"将文字轮廓化。"创建轮廓"也可以用⌘（Ctrl）+ shift + O 组合键进行操作。选择轮廓化之后的轮廓，在"对象"菜单中选择"复合路径"→"建立"进行复合路径化。

因为轮廓化之后的文字还要被路径化，为了便于之后再修正，要先把轮廓化之前的资料也保留下来，这样会比较令人安心。

アートな蔵書。

置入素材

02

给文字添加纹理

这里使用看起来是飞白效果的 Tiff 素材。从"文件"菜单的"置入"中选择 Tiff 素材，将其插入 Illustrator 中。

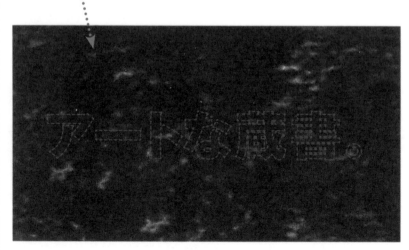

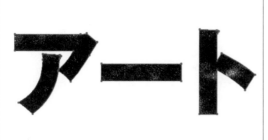

置入 Tiff 素材后，按照 <kbd>control</kbd> ＋单击（右键）→"排列"→"置于底层"的顺序将其放入轮廓化之后的文字轮廓中。接下来，在同时选择了 Tiff 素材和文字轮廓状态下，通过"对象"→"剪切蒙版"→"建立"加入剪贴蒙版效果。

03

改变颜色

用 ▷（直接选择工具）选择被剪切好的素材，用"颜色"工具将颜色进行变更。因为是 Tiff 素材，所以在 Illustrator 上可以简单地进行颜色的变更。

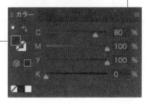

04

用修饰来营造统一感

将文字以外的部分也加入同样的质感，使整体氛围统一起来。但是，给过多的文字以外的元素增加效果会使整体失去平衡感，所以要集中给重点元素增加效果。

04 恰到好处地修饰

给包含在标题等当中的任意关键词加上一些点缀就可以起到强调的作用。另外，在不同装饰效果的组合中也要保持共通性，这样才能设计出一个不破坏整体感的作品。

线条（虚线／下划线）

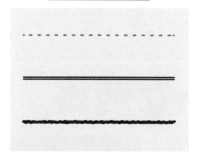

希望关键词比较显眼时，或希望将视线的移动以一种自然的方式进行引导时使用。

对话气泡

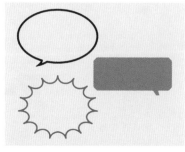

想要强调单词的时候，加入这种对话气泡的装饰可以让人感觉很华丽，效果很好。

带状背景

Koburina Gothic W3

给重要的想要突出的元素加一条带状的背景，就能让它更引人注意。

手写体

Aqua_pfont

将手写体作为修饰方法来使用，可以表现出亲切和可爱的感觉。

☑ 在想要强调文章某部分（关键词）的时候很有效果
☑ 不同的修饰效果保持一定共通性时可以形成整体感

>>> 范例

┌─── 对象 ───┐	┌─── 目标 ───┐	┌─── 案例 ───┐
20~40 岁的女性	表现出旅行的兴奋感	旅行杂志

在标题中使用若干修饰方法，表现出让人"非常想去"的兴奋感。将一部分文字的形状加以变化以营造热闹感，使用明亮的暖色，哥特体系列的字体，这是一个很有整体感的设计作品。

标示出重要度

选定想要强调的关键词，然后按重要度和优先度排好。为了能够让阅读者的视线自然地看到最想要被传递的信息，在其中要有强弱对比，分出主次。将相同重要度的内容分组设计，如果你考虑到这点，想要表达的意图会更容易传递给阅读者。

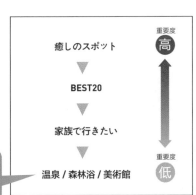

将修饰统一起来，也可以让阅读者明白它们的重要度是一样的。

要有统一感

根据重要度和优先度，如果使用风格不同的几种修饰方法，容易给人留下散漫的印象。规避这一点的方法就是在设计中体现"共通性"。即使使用若干种修饰方法，但只要色彩和字体是统一的，那么就会有整体的统一感。

由于修饰方法没有共通性，导致整体不统一，所以给阅读者留下很难阅读的印象。

调整整体的平衡

通过将几个不同的关键词整理为一组，就可以形成更容易阅读的标题。重点是要根据视线的移动路径来调整整体的布局。在这个范例中，设计者将关键词大致按照 Z 形的视线移动方向进行布置，作为标题它做到了整体容易被阅读。

使用字体 Fork B（家族で行きたい）　　　Gothic MB101 DB（ふきだし 3 箇所）
Gothic MB101 H（癒しの等）　　　Midashi Go MB31（リード）
Microbrew Two Regular（BEST20）

如果忽略了视线的移动方向而进行布局，会让阅读者不知道该按照什么样的顺序进行阅读，从而造成混乱。

制作手绘风的对话气泡

用 ✒ （钢笔工具）制作对话气泡的轮廓。将"显示"→"线条"→"画笔定义"设置为"艺术画笔"，就可以画出有粗细变化的线条，得到如同用铅笔或是钢笔画出的对话气泡。

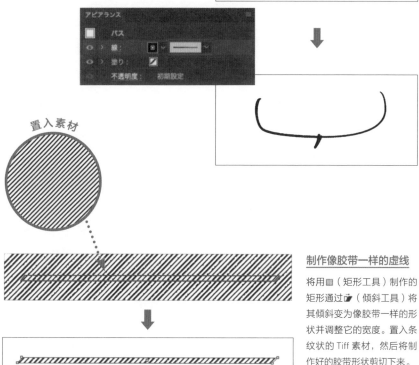

置入素材

制作像胶带一样的虚线

将用 ▢ （矩形工具）制作的矩形通过 ✒ （倾斜工具）将其倾斜变为像胶带一样的形状并调整它的宽度。置入条纹状的 Tiff 素材，然后将制作好的胶带形状剪切下来。

用素材制作轮廓

将实际的美纹胶带等扫描成图像，将图像置入 Illustrator 中。选择图像，在"对象"菜单中点击"图像描摹"→"建立并扩展"，就生成了大体的轮廓。

在布局中增加变化

给文字增加一些变化可以给人柔和、愉悦等时尚的印象。为了不影响可读性，重点是将文字要按照一定规律性设计成一种倾斜的、看不到的曲线。

倾斜文字

動きの
ある書体

Gothic MB101 DB

为了不给人留下凌乱的印象，在倾斜方法上要有一定的规律。

波浪形

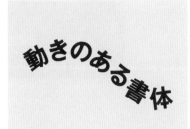

Gothic MB101 DB

缓和的波浪状排列的文字，可以表现出像流水一样的韵律感。

仅修饰 1 个文字

動きのある
書体

Gothic MB101 DB

在简单的设计中，仅对 1 个文字增加动态变化就可以起到修饰作用。

动态变化过多 ✕

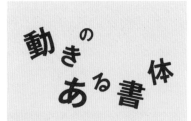

Gothic MB101 DB

动态变化过于不规则，或者文字之间的距离太远，都会影响可读性。

☑ 可以表现出愉悦的、可爱的氛围
☑ 文字的间隔稍大，在希望阅读者能够悠闲地进行阅读时很有效果
☑ 变化的方法要有一定的规则，注意不要给阅读者留下凌乱的印象

⟫⟫⟫ 范例

┌─ 对象 ─┐ ┌─ 目标 ─┐ ┌─ 案例 ─┐
20~30 岁的女性 表现出像绘本一样的可爱的感觉 ✕ 料理杂志

这是一个让阅读者变得想和孩子一起阅读的有着愉悦气氛的作品。标题文字是波浪形的，字间距比较大，强调了类似于绘本的兴奋感。

用动感的文字演绎空间

在阅读对象是孩子的媒体中，或希望整体是愉悦的氛围时非常有效果。但是如果动态效果太多，或者是字间距过大，那么就会很难辨别出这是标题，所以平衡是非常重要的。要选择适合内容的字体，整体效果才会更能引起阅读者的兴趣。

动态效果规律不明显且文字的位置也很分散。这样就会看起来没有整体性。

使用字体 Tsubame R（お子様等）

制作曲线形的文字

用 ✐（钢笔工具）画出曲线的轮廓。再用 ✧（路径文字工具）在画好的曲线上方单击，这样就可以输入文字了。

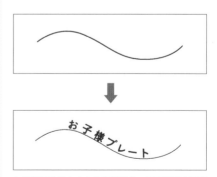

在想要开始输入文字的位置单击，即可从那个位置开始输入文字。

06 用字体粗细控制语言给人的印象

在稳重的设计中，想要突显特定的文字，可使用改变字体粗细的手法。通过字体粗细的变化使语言给人的印象发生变化，让简约的设计也能易于传达相应的信息。

日文的字体家族（Font Family）

フォントファミリー
フォントファミリー
フォントファミリー

Kozuka Gothic 从上到下依次是 L、M、H

如果使用的是字体家族中不同粗细的字体，那么即使字体粗细不同也会有统一感。

西文的字体家族

A B C D E F G
A B C D E F G
A B C D E F G

Helvetica
从上到下依次是 Light、Bold、Black

巧妙地将日文和西文的字体家族进行组合，来增强印象吧。

用不同的字体取得平衡感

フォントを ⎤—明朝体 ボールド
変える ⎦——ゴシック体 レギュラー

Kozuka Mincho B（フォントを）
Kozuka Gothic（変える）

当不同的字体混合在一起的时候，要通过将字体粗细变整齐的方法使其看起来是一样的。

散乱的印象 ✕

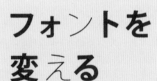

フォントを
変える

Kozuka Gothic B（フォ、トを、変、る）
Kozuka Gothic EL（ン、え）.

如果在文中或者单词中随意改变字体粗细，会导致内容难以阅读。

☑ 使用同一字体家族的粗细字体使得统一感不被破坏
☑ 减少色彩数量和修饰方法，既不破坏简洁的印象还可以增加主次感

⟫⟫⟫ 范例

── 对象 ──	── 目标 ──		── 案例 ──
20~40 岁的女性	增强时尚的印象	×	海外时尚杂志

为了增强海外名流的时尚感，使用的字体种类较少，通过改变字体粗细来强调希望得到关注的关键词。这是一个既控制了色彩数，整体比较紧凑，又很精致的设计作品。

强调时尚的印象

通过粗细带来的主次感，在想要给阅读者留下简约又清爽的印象时非常有效。将想要强调的文字加粗可以增强力量感，可以让阅读者的视线集中。相反，如果将字体变细，可以给阅读者留下柔和的印象，还可以巧妙地传递出这是辅助元素的信息。这也是在单色印刷品等色彩数较少的媒体中经常会使用的方法。

按照优先顺序逐渐将字体变细来引导视线。

使用字体 Gothic MB101 L（目指したいのは）
　　　　 Gothic MB101 U（海外～）
　　　　 Didot Regular（STYLE）

粗细不同带来的形象变化

書体	書体
有力、男子气概、可读性强	奢华、女性柔美、可读性弱

理解由于粗细不同带来的印象效果，然后将粗细字体组合使用，这样就会很轻松地控制要传达给阅读者的形象。

07 通过叠印风格营造模拟感

所谓"叠印"，其实是在多色印刷的时候会出现的，各色的版面位置错开后印刷出来的效果。在设计中，加入叠印一样的风格，是营造模拟效果的一种手法。

色彩的浓淡

Gothic MB101 DB

给错开的部分增加色彩的浓淡变化，可以营造出更为轻松的感觉。

色彩交错

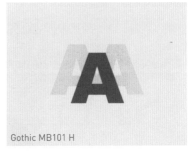

Gothic MB101 H

将字符的色彩重叠并错开，就是利用了色彩重叠的设计。

装饰交错

Gothic MB101 H

对话气泡等也可以添加错开的效果，给人以柔和的印象。

错开得过于夸张 ✕

Gothic MB101 DB

错开太多，或者错开的幅度很难让人理解，都无法达到预期效果，反而会使得内容难以阅读。

☑ 像是印刷时不小心错开的那样，可以表现出模拟感
☑ 适合较轻松的设计
☑ 要考虑可读性，将深色块和浅色块错开

>>> 范例

┌── 对象 ──┐　　┌───── 目标 ─────┐　　┌── 案例 ──┐
20~40 岁的女性　　希望能够传递可爱且柔和的感觉　×　动物杂志

作品整体表现出看了之后让人去猫主题咖啡馆的可爱氛围。用模拟风格的叠印设计对标题进行了修饰，增加了柔和感和温润感，提高了整体的氛围。

再现错位的质感

在印刷工作中，叠印是需要注意并且应该避免的问题，但是在设计中使用却能够体现出质感。叠印风格可以让语言看起来更自然而给阅读者留下柔和的印象。

使用字体 Gothic MB101 B（ かわいいねこカフェ ）

叠印风格设计的操作

准备两段相同的文字。将其中一段仅设置有描边颜色，另一段仅设置有填充色，将前者放在上面进行重叠。选择有填充色的文字，然后通过键盘上的方向键进行移动，一定要将其调整到容易阅读的位置。

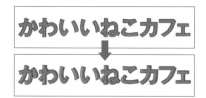

降低有填充色文字的透明度，增加与有描边颜色的文字的对比，可以提高可读性。

通过发光表达柔和感

给文字的边缘添加发光效果，可以给人精致且柔和的印象。将文字添加到图片中时，可以既不破坏图片的氛围又提高可读性。假如在简单的背景中使用这种方法，夺人眼球的效果会更加突出。

白色文字外发光

Gothic MB101 DB

可以表现出精致且柔和的氛围。通过光的浓度调整印象。

彩色文字外发光

Gothic MB101 DB

在深色背景中重叠有彩色填充色的文字时，可以给文字增加外发光效果，从而提高可读性。

内发光

Gothic MB101 DB

给文字添加内发光效果，可以很好地改变给人留下的印象。

溶在背景当中 ✕

Gothic MB101 DB

发光效果太弱，或者使用的颜色和背景的相近，那么就会让人无法识别文字。

- ☑ 表现出柔和且精致的氛围
- ☑ 要考虑可读性，采取将色彩加深等方法
- ☑ 在背景没有花纹等的简洁设计中是很有效果的

>>>> 范例

对象	目标		案例
20 岁的女性	让人感受到柔和的香气	×	美容杂志

为了让使用者可以想象香水芳香气味，用发光效果修饰了轻柔的文字，特辑的内容通过给人的视觉感受进行了传达。这是一个既简约又营造了典雅氛围，能够引起阅读者兴趣的设计作品。

有意识地提高可读性

白色文字的发光效果过于淡的话，文字的轮廓就会变得不清晰。另外，如果是叠在复杂的背景中，发光文字反而会变得不明显。所以要根据设计需要，调整使用的颜色和位置，要考虑可读性来进行加工。

无填充色文字的光彩

选择文字，在"颜色"中选择"描边: 无""填色: 无""C:0、M:0、Y:0、K:0"。从"效果"菜单中选择"风格化"→"外发光"。将"模式"选择为"正常"，然后在取色器中选择要使用的颜色。根据实际需要调整"不透明度"和"模糊"的数值。

由于文字和背景重叠会变得不易读，所以要注意布局。

使用字体 Gothic MB101 M（香る大人女子）

09 改造出手写风格

不使用手写体，而对严谨的字体进行手写风格加工，也可以表现出手写的柔和感。通过调整书写方法，在保持阅读难易度的同时体现出存在感，使标题让人感觉亲切。

加工原有的字体

![手書き](Gothic MB101 DB)

Gothic MB101 DB

保留原有的严谨印象，但还可以营造出柔和的氛围。

将线条单纯化

![手書き](Gothic MB101 DB)

Gothic MB101 DB

即使只是将文字进行轮廓化，将线条单纯化，也可以简单地改造出手写风格。

像用笔涂写出来的文字

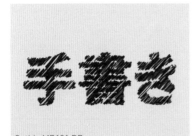

Gothic MB101 DB

原来的字体有很清晰的形状，我们可以试着用各种各样的改造方法去改变它的样子。

不适合手写体 ✕

Uzura Font

手写体能够给人留下口头语言的印象，所以缺乏稳重感。

- ☑ 存在感、柔和感以及可爱感并存
- ☑ 一定要考虑可读性，不要过分对字体进行改造

》》》 范例

—— 对象 ——	—— 目标 ——		—— 案例 ——
20~30 岁的女性	能够增强时尚、可爱的印象	✕	育儿杂志

根据特辑的内容和图片素材，通过将字体改造为手写风格，可以给阅读者留下时尚且活泼可爱的印象。原本的字体比较严谨，所以这样既可以保留其作为标题的存在感，又可以让阅读者觉得可爱俏皮。

增加轻松感，表达更有效

仅仅是使用字体本来的样子，有时给人的印象会过于刻板，内容也会让人觉得过于正式。将正统的字体稍微进行一下改造，可读性不受影响，但可以将其加工成更加适合这个氛围的标题文字。和其他元素中使用的字体保持一致，仅仅对标题进行修饰，这样就可以保证整体的统一性。

进行手写体的改造加工，有时会使整体氛围过于轻松，或者文字变得不好识别。所以基础字体的选择也是很重要的。

使用字体 KafuNagomi B（HAPPY）

HuiFont（メモリアル）

HAPPY
メモリアル

01

输入文字

在 Illustrator 中输入文字。在这里为了增强标题的严谨印象使用的是哥特体。

使用字体 Core Circus Regular（HAPPY）

Kozuka Gothic H（メモリアル）

勾选"预览"，可以确认使用后的效果，方便进行细微的调整。

02

增加手写风格的效果

从"效果"菜单中选择"风格化"→"涂抹"。在"预览"中进行对照，从初始设定的状态开始逐个调整数值，修改成符合设计目的的效果。

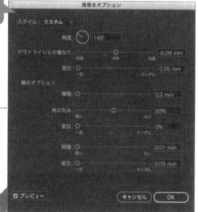

选择想要错开的文字，使用键盘上的方向键进行移动，这样就可以简单地调整间隔。

03

将修饰效果重叠来增强印象

通过将加了修饰效果的文字重叠，然后再稍微分开一些，可以增加立体感。增加装饰色，可以增强存在感，也非常容易让阅读者看到。

104

第 4 部分
文字版式
设计的创意

（7 个创意和设计范例）

/////

根据版式设计的不同，阅读者不仅会对文字元素，还会对设计整体的印象产生很大的改变。
本部分会对因版式而产生的设计效果进行解说。

01 大面积布局

将标题和小标题的文字进行大胆布局,仿佛要覆盖整个版面,是可以让阅读者一眼就能被吸引的非常具有视觉冲击力的版式设计方法。设计要素重叠的部分,通过调整背景的透明度等方法就可以提高其可读性。

由跳跃率带来的主次感

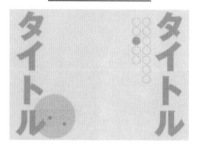

Gothic MB101 H

通过提高文字的跳跃率,可以让整体设计充满跃动感和吸引力,并且很有主次感。

通过对比强调

Gothic MB101 H

通过增强与背景的对比,可以提高文字的可读性。

哥特体的布置

Logotype Gothic R

使用虽细但很有特征的哥特体,可以突显不融入背景,且有存在感的标题。

明朝体的布置

Kozuka Mincho R

虽然和哥特体比起来明朝体略显单薄,但是通过增加颜色的修饰可以增强其存在感。

☑ 通过大胆的布局,可以让阅读者感受到震撼力和冲击感
☑ 即使在图片与文字重叠的情况下,也可以不降低可读性
☑ 调整详细信息等要素和跳跃率时,一定要考虑主次关系

>>>> 范例

对象	目标		案例
30~40 岁的男女	在卖场中能够显眼的封面	×	书籍的封面

标题铺满整个版面，且在其上放了大大的企鹅图片。这样的设计，让人一眼就可以看到想要传达的信息。摆放在店头的时候富有视觉冲击力，让阅读者不假思索地就想拿一本来看。

实际操作

为了营造出视觉冲击力和分量感，使用了粗体的哥特体。

01

布置标题文字

将文字的一部分进行剪裁，并将文字铺满整个版面。就像是组合拼图一样，通过将平假名的字间距离缩小，得到压迫感很强的大胆设计。

使用字体 Gothic MB101 U

02

布置图片

将图片布置在空白处，就像在填补文字留下的空白。叠在文字上方的部分，要注意调整其位置和形状，不要影响可读性。

要看起来是将各元素都很好地包含在了整体当中。

03

布置辅助元素的文字

和布置图片是一样的，辅助元素如果和标题文字重叠就会难以阅读，所以要调整它的尺寸和字体。因为主标题用的是较粗的哥特体，所以辅助元素用的是细的明朝体，以此来区分主次。

使用字体 Matisse M (楽しくて、美しい 等)

04

增加修饰

我们可以改变辅助元素的文字颜色，以进一步提高可读性。与黑色的文字背景相对，要选择亮度高的颜色。在这个范例中，为了与企鹅的形象搭配，选择了淡蓝色。进一步将其他的文字元素进行图标化修饰，以和标题进行区别，这样更易于传达信息。

将图标倾斜，偏离标题引导的视线方向（纵向的直线），增加了韵律感。

笔记

正面布局和背面布局

正面文字的布局要配合剪裁的视觉效果等。要注意人物的面部等主要的对象不要和文字重叠。与细体的有特征的字体很搭，在希望从视觉上被关注的情况下这种设计非常有效果。

在背面进行文字布局时，使用粗体的有存在感的字体。通过和剪影的视觉效果组合，可以做出有整体感的设计作品。

正面布局

Yu Mincho Medium

背面布局

Kozuka Mincho R

分隔标题

这是将标题分为两部分，然后将主要景物夹在中间的版式设计方法。这样不仅可以提高人们对夹在文字中间景物的关注度，还会由于提高了跳跃率而突出了文字的存在感。

赋予震撼力

Gothic MB101 H

可以强调被分割后的标题夹着主要景物的震撼力（这里指高度形成的）。

通过对比进行强调

Gothic MB101 H

标题使用了和背景色反差大的色彩，即使位置是隔离开的，也会让人感到有整体感，很容易被识别。

考虑对称

Gothic MB101 H

如果以中心线为轴进行对称布局，可以表现出美观的平衡感。

拥挤的布局 ✕

Gothic MB101 H

标题掩盖了原本想要强调的主要景物的气势，会给阅读者留下拥挤、受拘束的印象。

☑ 通过用文字夹着景物的方法可以聚焦，增强设计给人留下的印象
☑ 标题布局不要给阅读者留下拘束的印象，要配合景物进行布局

⟫⟫⟫ 范例

┌─ 对象 ─┐　　　　┌─ 目标 ─┐　　　　　　┌─ 案例 ─┐
10~20 岁的男女　　传达电影的魅力，吸引观影者　×　电影海报

为了让大家关注代表电影的这个场景，将它夹在了高跳跃率的标题中。在动漫电影的海报中，通过大胆地使用与一般世界观认知不同的字体（在这里用的是比较稳重的明朝体），使得标题看起来并没有融入图像中，还留有其自身的存在感。

⟩⟩⟩⟩⟩⟩⟩⟩⟩⟩⟩⟩ 实际操作 ⟩⟩⟩⟩⟩⟩⟩⟩⟩⟩⟩⟩

在远景构图中使用，进行了有景深感的处理。

01

布置素材

将主要景物和文字作为主景进行布置。因为想要发挥视觉效果产生纵向的景深感，所以将标题调整为纵向。

使用字体 Tsukushi Mincho L

纵向的文字居中对齐，看起来很美观（参考 p.016）。

提高跳跃率

提高标题的跳跃率，用标题将主景夹在中间。通过在设计主体的左右布置文字，可以自然地让读者的视线集中在中央。因为跳跃率较高，所以标题自身给人的视觉震撼力非常足。

笔记

用留白确定给阅读者的印象

将主体的四周留下均等的留白，让主体看起来像放置在白色边框中。然后在白色边框部分放置文字，既可以保证设计整体的稳重感，还可以让文字拥有像是被剪裁一样的视觉震撼力和存在感。

通过调整留白的面积，可以营造出稳重感和高级感。

03

增加修饰

为了让文字易识别，增加了发光效果（参考 p.100）。宣传语也用同样的修饰方法进行了强调。使白色文字的外发光颜色与主景颜色相近，可以增强标题和宣传语的存在感，让阅读者更清晰地识别出这些文字。

由于背景图案中混合了深色部分和浅色部分，所以在标题的可读性方面会产生参差不齐的感觉。增加发光效果可以将它们的可读性均一化，使之变得更易读。

笔记

营造自然感

当主景中有人物的时候，要将其视线的前方微调为比较空的状态，然后再通过布置一些追加元素，做出一个仿佛风能够通过的留白空间。有了这种自然感，设计中就会有景深和视线的节奏感，即使将文字设置得比较大，也不会给阅读者留下很拥挤的感觉。

在角色视线的前方留出空间，表现自然感。

斜向布局

让我们试着将文字加上倾斜的效果，来营造视觉影响力吧。其中，向右侧上倾的布局可以让阅读者感受到成长或者上升的积极意义，所以在设计中会经常被用到。

右侧上倾

Gothic MB101 B

沿着目光向右上方倾斜，可以给阅读者积极的印象。

右侧下倾

Gothic MB101 B

容易给阅读者留下消极的印象，除了在有特别意图的场合，其余场景基本不会使用。

强调气势

Gothic MB101 B

通过改变文字的粗细和尺寸，可以对语言给人的印象起到更进一步强调的作用。

要考虑可读性

Gothic MB101 B

将倾斜角度控制在 30° 以内会比较有效果。如果过度倾斜，会影响可读性。

☑ 可以给阅读者带来有气势、有活力的印象
☑ 可以表达出力量感和跃动感
☑ 和喧闹的场景很搭

>>>> **范例**

| ─── 对象 ─── | ─── 目标 ─── | | ─── 案例 ─── |
| 30~60 岁的男性 | 通过视觉震撼力吸引视线 | × | 赛马的广告 |

图片被裁剪成聚焦于正在奔跑着的马匹腿部的状态，再加上将有强弱对比的标题进行倾斜，传达了一种气势和冲击力。这是一个向阅读者传递出竞赛的震撼力、有现场感的广告。

////////////////　**实际操作**　////////////////

01

决定主要字体

决定好主要的字体，然后再布置周边的元素。在这里使用的是可以让人感受到赛马传统的古典的明朝体，可以表现出有威严的气势。

使用字体 Ryumin M-KL

02

给文字增加强弱效果

将主要的广告语字体设置为所有元素中最大的，其他元素要简洁。将希望被注意到的文字放大，将假名的尺寸缩小，这样会更易读。将助词（此处为"の""に"等）的大小调整为大号文字的 40%~70%，这样的布局看起来比较平衡。

通过文字大小的调整可以体现主次关系，也可以让阅读者感受到马在奔跑的节奏感。

03

让文字倾斜

用 ○（旋转工具）将文字进行旋转。在这里根据图片的倾斜度，让文字倾斜了 10°。一般 30° 以内的倾斜角度可以保证可读性。在文字下方的带状修饰中加入一些变化，就完成了有整体感的设计。

倾斜过度的范例（倾斜了40°）。可读性下降，信息会变得不好传达。

给文字增加强弱效果，让阅读者感受到气势的技巧

❶ 给文字增加强弱效果。在范例中，在 Illustrator 中将最大的"最"字设定为 67.00mm，小的"の""に"设定为 32.25mm。选择文字，从"字体"菜单中用"创建轮廓"来制作文字的轮廓。创建轮廓也可以用 ⌘（Ctrl）+ shift + O 组合键执行。

❷ 在"效果"菜单中选择"扭曲和变形"→"粗糙化"。在这里将大小设置为"0.3%"，细节是"80英寸"，点选择"尖锐"，将设置好的文字用 ⌘（Ctrl）+ C 组合键进行复制。然后打开Photoshop，用 ⌘（Ctrl）+N 组合键新建一个文件，将色彩模式设置为"RGB"（因为之后要使用滤镜）。再用 ⌘（Ctrl）+V 组合键粘贴，选择"像素"。

❸ 在 Photoshop 中，从"图像"菜单中通过"画布大小"将高度扩大 10.00mm 左右，然后复制文字的图层，将上面的文字图层设定为不显示，将下面的文字图层和背景合并。选择下面的图层，从"滤镜"菜单中点击"像素化"→"铜板雕刻"，类型选择"长描边"。

增加粗糙的质感

❹ 从"滤镜"菜单中按照"滤镜库"→"纹理"→"颗粒"→"颗粒类型"，将其设定为"水平"。接着，从"图像"菜单使用"调整"→"色阶"，通过滑块进行调整，使得白色部分更加鲜明。

增强黑白对比

❺ 上面的图层依旧选择不显示，一边按着 ⌘（Ctrl）键一边点击上面图层的缩略图，读取不透明部分的选择范围。用 ⌘（Ctrl）+ shift + I 组合键可以选择反向范围。

读取背景的选择范围

❻ 选择下面的图层，在使用 delete 键将背景删除之后，删除上面的图层。通过"图像"菜单选择"模式"→"灰度"。接下来，再一次依次选择"图像"→"调整"→"阈值"，将阈值设定为"128"。

将背景删掉

❼ 最后通过"图像"菜单选择"模式"→"位图"→将输出设定为"350 像素/英寸"，以 Tiff 格式保存。然后将保存的 Tiff 素材置入 Illustrator 中，与普通的对象一样，通过"颜色"面板对它的色彩进行变更、调整。

04 出血设计

通过大胆地将文字或者图片元素延伸至出血处，可以更明确地表达出各要素的前后关系，还可以给人留下有气势的印象。这样的设计会让阅读者感觉作品整体被外扩了，在想要进行有活力的设计时使用会很有效果。

张弛有度

Koburina Gothic W6

出血标题和其他元素的文字有大小之别，可以产生张弛有度的效果。

立体文字的出血

文字の裁ち落とし

Koburina Gothic W6

通过使有立体感的文字出血，可以给阅读者带来文字要飞出来一般的视觉冲击力。

表达前后关系

Koburina Gothic W6

仅把文字元素放到图片框以外，可以表现出前后关系。

无法识别

文字の裁ち落とし

Koburina Gothic W6

过度出血的话，可能会使得文字的可读性大大降低。

☑ 可以给阅读者留下有气势的充满活力的印象
☑ 可以表现出景深和广度
☑ 过度出血，会影响可读性，所以要注意

>>>> 范例

| — 对象 — | — 目标 — | | — 案例 — |

— 对象 —	— 目标 —		— 案例 —
10~20 岁的女性	传达电影的魅力，吸引观影者	×	电影海报

在淡雅的插图周边留白的版式让电影的魅力得以有效的表达。在插图的前面是有动感的标题，通过对其进行出血设计，使得海报更有视觉冲击力。

实际操作

使用字体 UD Kakugo C80 L

01

选择主要的字体

根据插图选择作为标题的字体。因为之后还要对文字进行变形，所以使用的是简单字形的字体。

02

布置文字

将标题字放大。在考虑可读性的前提下，将标题放大到像是超出了版面一样。调整插图，在其周围设置留白。通过仅使标题的文字超出插图的布局，可以产生前后空间感，这是一个可以让阅读者感受到层次感的设计作品。

前
青春手帖
后

可以给阅读者留下标题是在插图前面的印象。

03

修饰文字

虽然通过将文字放大可以给阅读者留下有活力的感觉，但为了避免让人觉得过度活泼了，要给文字加上比较轻巧、柔和的效果。文字的颜色越暗越会让人感到沉重，所以这里用的是白色文字。但如果仅仅用白色，文字会融进插图中，所以将其做成了带边框的文字。这样在保证了可读性的同时，也可以让标题符合插图的氛围。

为了使标题可以融入插图的氛围里，文字的边框不是黑色的，而是藏青色的。

笔记

文字的可读范围

对文字进行出血设计时，最重要的是不能影响可读性。虽然字形会有所区别，但大体上上下的出血不超过文字的 1/3，左右的出血不超过文字的 1/2。特别是汉字，如果出血的位置错了，那很有可能会被看成是另外的汉字。

04

倾斜文字，增强印象

为了给设计增加动感和气势，用 ↻（旋转工具）使标题的文字旋转。另外，为了增强比较酷的印象，文字本身也用了 ✏（倾斜工具）进行变形。变形过度会影响可读性，所以要一边考虑平衡感，一边进行调整。

发挥留白的作用

将版面中的文字间距扩大，产生一些空白空间，这种设计可以产生开放的空间感。在空间中看起来孤零零的文字更容易集中视线。再加上一些不起眼的修饰，给阅读者留下的印象会更深刻。

较小的字间距	比较大的字间距

Gothic MB101 B

若希望给阅读者留下整齐，看起来很干净利落的印象，就把字间距调得小一些。

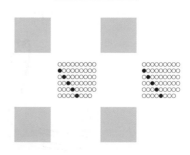

Gothic MB101 B

在给阅读者营造宽阔舒适的氛围，以及希望让设计表现开放感的时候，要把字间距调得大一些。

有留白的版式

有留白的话，可以给人沉稳和高级的印象。

利用了留白的模式

通过把留白当作"看不见的要素"进行版式设计，既可以给阅读者留下整洁的印象，也可以营造出开放感。

- ☑ 空白空间大，可以营造出开放的空气感
- ☑ 在有清新自然感的拉长的视觉效果中，可以给阅读者广阔的印象
- ☑ 使简单的字体变为斜体等小技巧是关键点

>>> 范例

┌── **对象** ──┐   ┌──── **目标** ────┐   ┌── **案例** ──┐
│ 30~60 岁的男女 │   │ 传达山脉宏大的形象 │ ✕ │ 杂志的封面 │
└──────────┘   └──────────────┘   └────────┘

将标题文字的间隙扩大,让整体看起来很宽敞。图片的修整也是有意识地营造一种超凡脱俗的感觉,整体氛围搭配得很好。在留白处单独放置的标题可以引起阅读者的注意,再添加一些小的修饰,使得标题字体虽简单却成了一个有个性的标志。

实际操作

01

选择主要的字体

不破坏设计整体且保持简约的基调,选择有一点儿特征的字体。联想目标群体的年龄和"山中徒步"的形象,要让阅读者能感受到质朴的温润感,所以使用了有圆角的字体。

山あるき

使用字体 KaiminTuki-Medium

布置文字

将标题的字间距扩大，让阅读者能够感受到自然的清爽气息和空气感。再进一步，使标题文字上下错开，表现出漫步山间的韵律感。

山中的悠闲时间和空气，都通过照片的空白处和标题周围的留白产生的自然感体现了出来。

字间距过小的话，会产生紧张感，给阅读者留下与享受漫步山间的感觉相背离的印象。

扩大字间距，
使文字上下起伏

选择想要调整字间距的文字，在"字符"的"设置所选字符的字距调整"中输入数值，调整字间距。但如果字间距比字符还要大，会很难区别文字列，所以要注意。另外，选择想要变化高低位置的文字，通过在"设置基线偏移"中输入数值，可以调整其位置。

03

给字体增加修饰

为了让标题有标志性和独创性，给字体加入其他修饰方法。试着将标题的文字稍微倾斜。另外，通过调整线条的粗细，可以更进一步增强其作为标题的存在感。

山あるき

将字体立体化并变成斜体

选择想要变形的文字，从"字体"菜单中通过"创建轮廓"〔⌘〕（Ctrl）+ shift + O 组合键〕来制作文字的轮廓。从"对象"菜单中选择"变换"→"倾斜"，在勾选预览后输入角度，文字就可以倾斜。另外，在"外观"面板中调整和"填色"一样颜色的"描边"尺寸，就可以简单地改变文字的粗细。

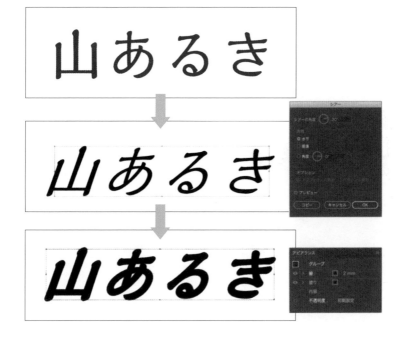

125

横竖混合排版

这里要介绍的是横竖混合排版，营造出丰富变化的版式设计。若在布局和修饰方面动一些脑筋，就如同增加了故事性的台词一般。在希望给阅读者愉快阅读体验的设计中使用这种方法很有效果。

竖排版

明日に向かって
レッツゴー！

Gothic MB101 M

因为漫画的台词基本都是竖排版的，所以在希望表现出看台词一样的效果时就可以使用。

横排版

この時間は

私だけの

Happy Time

Gothic MB101 M

在横排版时，即使混入了英文也不会让阅读者觉得不自然，所以可以使用多种多样的修饰方法。

增加修饰

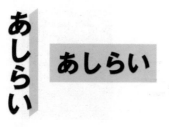

Gothic MB101 M

增加一部分下划线或者带状装饰，设计可以变得更富有变化。

混合的比例是 7：3

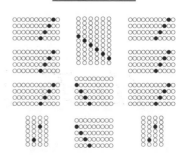

和设定好的文字组合排列时，有意识地将其中 30% 左右的文字改成另一种版式，看起来会更有统一性。

☑ 能够产生丰富感、愉悦感
☑ 为了不让整体看起来很散漫，通过修饰、整理，信息可以更易读

>>>> **范例**

对象	目标		案例
20~30 岁的女性	可以引起读者同感的报道	×	杂志报道

横竖混合排版，可以营造出就像实际能够听到喧闹的声音一样的愉快氛围。为了更易于让阅读者有同感，需要在修饰方面再多下一些功夫，根据不同语言的意思分别使用不同的字体，可以更吸引人。

实际操作

配合标题，将基础的文字组合设定为横排版。

01

布置要素

交错布置文字元素。为了表现各种意见交杂的丰富的场景，在横排版的基础上，再混合竖排版以构成整个版面。

使用字体 UD Kakugo C80 M（アリエナイ等）
Gothic MB101 M（その他）

127

02

混合文字组合

相对于作为基础版式的横排版，以 30% 左右的比例混入竖排版。因为想让读者看到男女各自的意见，所以采用点对称的构图，混合竖排版，这样的版面会有平衡感。

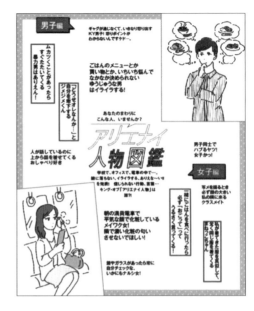

✕

过多的竖排版文字会迷惑阅读者的视线，使其感到混乱。

03

根据字体的形象改变文字

为了增强信息性，变化各意见的关键词的字体。根据内容想象声音或者基调，选择符合印象的字体。

使用字体 Take H（KY 男子、ジメジメくん、ハブるやつ、まねっこちゃん、おしゃべり好き、私の隣に来る、ナルシ女）

Harucraft Heavy（暴力男）

Takarizumu DB（ゆうじゅうな男、メイワク女）

MaruFo H（「おごって」）

变更字体选择的是和基础文字一样的哥特体，所以可以融入设计中。

04

改变一部分的基础字体

为了增强人们对文字的印象，改变一部分基础文字的字体。与横竖混合排版一样，如果变更基础字体的部分有调和感，那么整体的平衡感是没有问题的。如果基础的字体过于混杂，那么就会给阅读者留下不协调的印象，所以要围绕重点进行改变。目标是改变整体文字的10%~20%的字体。参考 p.050 "选择字体类型"，要匹配使用字体系统，完成一个没有违和感的设计作品。

使用字体 Shin Maru Go M（ムカツク等、一緒に等）

笔记

根据声音的形象选择字体

想象发出声音的氛围，选择由声音可以联想到的字体，这样就可以在视觉上对内容进行传达。加上如明朝体"高贵，适合女性"，哥特体"有力，适合男性"这样基本的印象，在各个重点部分恰当选择独特的字体，就会设计出有趣的作品。

有气势的声音

勢い

使用字体 Gothic MB101 B

可爱的声音

かわいい

使用字体 KafuNagomi B

不可靠的声音

頼りない

使用字体 Haruhi Gakuen L

精致的声音

きれい

使用字体 Kozuka Mincho M

07 更有效地使用下划线

在关键文字下面加下划线来进行强调的设计比较常见，如若根据使用字体给人的印象来选择下划线，效果会更好。将这种方法使用在色彩种类比较少的简约设计中，使其作为修饰也很显眼。

区别使用各种各样的下划线

选择符合设计形象的下划线，强调关键词。

控制点缀的数量

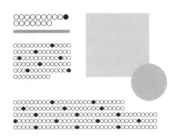

以占整体 5% 左右的比例增加下划线修饰的话，会明确主次关系。

使用对比色

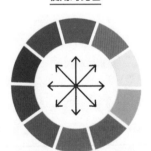

使用设计中基础颜色的对比色，修饰的效果会更好。

下划线必须明显

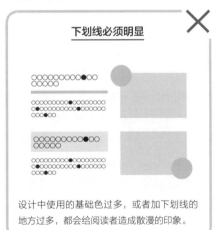

设计中使用的基础色过多，或者加下划线的地方过多，都会给阅读者造成散漫的印象。

☑ 想要在简洁的设计中分出主次的时候使用，会很有效
☑ 选择与基础色相对的对比色，关注度会提高
☑ 仅给少量内容使用下划线，效果会更好

>>> **范例**

┌─── **对象** ───┐　　┌─── **目标** ───┐　　　┌─── **案例** ───┐
│ 30~40 岁的男性 │　　│ 设计出时尚、引人注意的广告 │ × │ 横幅广告 │
└────────────┘　　└────────────┘　　　└────────────┘

在简约的设计中，加入黄色的下划线，可以将阅读者的视线吸引到商品的特性上。线条的形状无须过多地修饰，这样就可以在不破坏整体印象的前提下强调关键词。

//////////////// **实际操作** ////////////////

01

布置主要元素

为了使之后要加入的修饰更明显，要控制在设计中使用的色彩种数。在这里根据相机的形象使用了单一色调，然后用存在感比较强的哥特体来体现严谨的整体氛围。

使用字体 Helvetica Condensed-Black
　　　　（ CAMERA X80 ）
　　　　Tsukushi Mincho L（ CMOS センサー
　　　　は、の高感度 ISO ）
　　　　Tsukushi Mincho B（ 高い追従性、
　　　　约 2420 万画素、最高 25600 ）

131

增加修饰

在想要强调的文字下面加下划线，增加修饰以使文字更加显眼。贴合商品名使用的哥特体的印象，用粗的就像是用马克笔画出来一样的下划线来修饰，增强了明朝体的印象，设计整体也有统一感。

用下划线来增强明朝体的奢华印象，可以将阅读者的视线自然而然地从商品名吸引到想要强调的信息上。

▶▶▶另一个范本

连接主要字体和下划线的样式

主要字体选用有手写风格的字体，营造仿真的氛围。根据字体，作为修饰的下划线，用的是像蜡笔画出的一样的线条，这样整体会给阅读者留下比较柔和的印象。

使用字体 Haruhi Gakuen L
（CAMERA X80）
Tsukushi Mincho L（高い追从性、CMOS センサーは、の高感度 ISO）
Tsukushi Mincho B（约2420万画素、最高 25600）

第 5 部分

引人注目的
文字设计集

（21 种技法和设计范例）

/ / / / /

本部分将介绍可以让文字图案或者标题看起来更具吸引力的创意方法。
通过装饰、图案化等方式可以丰富表现力。

组合不同的字体

将不同系统的字体进行组合而增强了效果的标题放入简洁的设计中，就可以得到非常有效的修饰效果。通过整合字符粗细和字体特征，可以组合出平衡感十足的设计作品。

哥特体 + 哥特体

書体を
組み合わせる

Gothic MB101 DB（書体を）
RoG2 Sans-serif U（組み合わせる）

在哥特体中也有各种各样的字体，通过将其进行组合，在表现力方面会增加一些变化。

哥特体 + 明朝体

書体を
組み合わせる

Gothic
Kozuka Mincho B（組み合わせる）

利用哥特体和明朝体线条粗细不同的特点，可以对关键词进行强调。

衬线体 + 无衬线体

combining
the
typography

Bodoni Book（combining the）
Helvetica Black（typography）

在西文中，通过衬线体和无衬线体组合，可以起到强调单词的作用。

不协调的印象　✕

書体を
組み合わせる

Gothic MB101 H（書体）Pretty Momo B（を）
Yuruka UB（組）Kozuka Mincho B（合等）

过度使用字体，或将特征差异大的字体混合使用，都会丧失统一感。

☑ 在简洁的设计中使用，有非常好的修饰效果
☑ 使文字的权重一致的话，可以使之融为一体

>>>> **范例**

— 对象 —
20~40 岁的女性

— 目标 —
增强品牌力

×

— 案例 —
文化杂志

在简约的设计中，通过不同字体的搭配，很好地突出了标题。通过将符合传统品牌形象的字体进行组合，在沉稳中还使标题具有独特性。

实际操作

01

决定主要的字体

决定主要的字体，然后进行布置。在这里选择的字体要符合设计的概念与时尚品牌的形象，优先选择易读的简单的字体作为基础字体。

TREND NEWS

使用字体 Gotham Bold

02

变更字体

选择最想加入变化效果的文字。试着给形状有特征的"R"
加修饰。如果整体只用一种字体，会给阅读者留下单调的
印象，所以在这里混合了三种字体类型。

过度使用字体会给阅读者留下散
漫的印象，要引起注意。

使用字体 EcuyerDAX（R） Broadway（E） Didot LH（D、S） Copperplate Gothic Bold（T、N）

03

通过修饰体现主次关系

如果都用同一种颜色，会给阅读者留下过于沉闷的印象，所以将"N"和"W"
改为描边字。通过减少色彩的面积，可以给阅读者留下轻快的印象，整体
的平衡感也会很好。

要留心相同装饰的文字不要挨在
一起，这样会更好地营造平衡感。

根据主题及内容选择字体

使用和主题及内容相符的字体，可以更易于向阅读者传达相关的形象。比如在介绍法国的时候，可以使用法国著名品牌使用的字体。这样，字体和内容的关联性高，就可以进一步提高整体的设计气氛。平时要下功夫查阅字体的相关历史，参考外文书籍及古籍中使用的字体，然后试着进行既易于传达又有深度的设计。

（介绍法国的历史）

Historie
de
France

使用字体 Didot Regular

这是由法国的菲尔曼·迪多（Firmin Didot）设计的，是一种充满女性气息和高级感的字体。

（典藏风的宣传板）

VINTAGE
CAFE &
BAR

使用字体 Rosewood Regular

这是可以让人感到豪华和精密感的字体。增加一些飞白效果，给人的印象会更深。（参照 p.086）。

（怀旧的广告）

昔懐かし
昭和の
あそび

使用字体 Kozuka Mincho H

通过加粗的明朝体表现怀旧的印象。也可使用"Oradano Mincho"等，有活版印刷风格的字体。

（动漫的特辑报道）

これだけは
チェック！
旬アニメ

使用字体 RoG2 Sans-serif B

这是拥有能给人留下印象的曲线的字体。使用"Fontopo Nihongo"等有特征的字体也很有效果。

制作装饰性文字

通过将素材组合起来制作装饰性文字，根据内容来修饰的方法，可以增强设计的印象。要注意不要有损于文字的可读性，同时还要有创意，请试着来做一个华丽的设计吧。

符合形象的素材

使用符合语言形象的素材，通过视觉也可以传达意思。

组合各式各样的素材

将多种素材组合来制作文字，会给阅读者留下很强的、华丽且愉悦的印象。

统一使用的素材

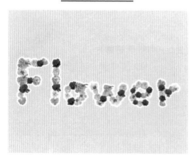

作为整体容易被识别，能让人感受到统一性的装饰性文字。

无法识别

过于缺少统一感，文字过于分散，会变得难以阅读，要引起注意。

☑ 可以表现出华丽感和愉悦感，成为使人印象深刻的标志

☑ 整理风格与色彩，让其拥有统一感

☑ 要注意其作为文字能够被阅读的可读性

| ── 对象 ── | ── 目标 ── | | ── 案例 ── |
| 20~40 岁的女性 | 希望阅读者能够联想到华丽的促销场景 | × | 商业广告 |

根据时尚、折扣这样的内容，用飘带、宝石等服饰素材组合成装饰性文字，表现出了女性的精致的华丽感。为了不让文字融到背景中，给其加上了白色的边框，这是一个可以让阅读者感受到文字统一性的设计作品。

实际操作

01

探讨装饰的形象

从想要传达的内容开始探讨要用什么样的素材来制作装饰性文字。选用可以从关键词中联想到的事物，就可以从视觉上对内容进行传达。

> 描绘出具体的事物，然后考虑如何进行组合。关于如何组合使其成为文字的形象，可以试着先画一个草图。

主题
女性时尚 ➡ 飘带、宝石等

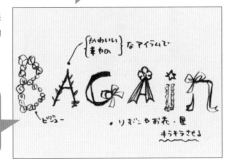

组合素材制作文字

将相关素材进行组合，整理成文字。灵活应用素材的外形，组合成文字的直线和曲线。通过整合素材的风格和色彩，使设计保持整体的统一性。为了不降低文字的可读性，字形不要过于分散。

"B"用的是珠宝，"A"用的是叶子，一个字母用一种素材，就会让文字有整体感。

笔记

通过修饰程度来调整给阅读者留下的印象

因为文字是由直线和曲线构成的，所以素材的形状也要选择和其容易搭配在一起的，这样会更容易制作装饰性文字。通过调整增加装饰的程度，来控制文字留给阅读者的印象。要根据想传达的内容和理念，在传播性和可读性上做好平衡，然后将其融入设计中。

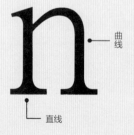

曲线

直线

使用字体 Ryumin L-KS

通过控制装饰的数量，可以增强典雅的印象。即使使用的是相同的素材，也可能会有不同的效果。

03

增加装饰，提高可读性

为了强调文字的整体感和识别度，明确其与背景的区别，装饰性文字可用白边框来修饰。通过加边框，可增加其作为标题的存在感。这是可读性强、易于传达信息的设计方法。

在设计中加入白色边框

将在 Photoshop 中抠图时留下的素材通过单击"工具"的 ▶（路径选择工具），用 ⌘（Ctrl）+C组合键进行复制。在 Illustrator 中用⌘（Ctrl）+V组合键进行粘贴（复制形状和复制路径都可以），将图像放入合适的位置。选择粘贴的素材，从"效果"菜单中，通过"路径"→"位移路径"来调整面积。将素材放在图像的后面，"填色"为白色，这样就可以加入白色边框了。

使用带状背景的设计

在内容比较多的图片上布置文字时，文字很容易融入图片中，相应的信息就会变得难以传达。此时可以通过使用带状背景的设计方法提高可读性。如果在修饰方面再下一些功夫，可以表现出拼贴风格的虚拟感。

简单的带子

通过铺一条带子起到了突出重点的作用，可以将视线引导至文字上。

胶带风格

增加虚拟的质感，会产生一种柔和、容易亲近的感觉。

彩带风格

添加和内容相符的饰带，让它融入整体的氛围中，成为有统一感的设计。

增加阴影

给带状背景加阴影可以产生立体感，也可以使其与大背景的区别更加明确。

☑ 提高在图片上层的文字的可读性
☑ 边角过多而使人感到生硬的时候，可以增加一些倾斜等变化

>>> 范例

—— 对象 ——	—— 目标 ——		—— 案例 ——
20~30 岁的男女	用轻快感引起注意	×	横幅广告

如横幅广告那样希望瞬间被看到的媒介，只在上面布置文字的话很难被关注，信息容易被跳读。将特别希望能给阅读者留下印象的标题采用手写风格的文字，再加上带状背景，这样就可以使之成为一个增加了虚拟感，容易亲近且引人注意的设计作品。

======== 实际操作 ========

01

布置文字

按照希望被关注的要素的优先顺序来布置文字。在这个范例中按照"标题"→"广告语"→"其他文字"的顺序来调整文字的尺寸。虽然使用了不会和图片融合的颜色，但仅仅只进行文字排列的话，会显得没有主次之别，给阅读者留下单调的印象。

02

增加修饰

由于文字要素需要有主次之分，我们用增加修饰的方法来形成对比。在标题和广告语上分别加带状背景，以提高其可读性。大背景的图片和前面的文字明确地被区分出来，自然可以让阅读者注意到文字了。将标题下的带状背景做成胶带风格的，增加了强烈的存在感。

将实际的素材进行扫描，然后导入，再以其为基础制作胶带风格的背景（参考p.093）。

使用字体 Mathilde（Enjoy & Run）Gothic MB101 M（ランをサポート等）

制作剪切出文字的带状背景

选择想要制作成剪切效果的文字，首先从"字体"菜单中通过"创建轮廓"〔⌘（Ctrl）+ shift + O 组合键〕来制作文字的轮廓。然后选择制作好的文字轮廓与带状修饰物，从"窗口"菜单中打开"路径查找器"面板，最后选择"形状模式：减去顶层"，这样就可以从带状修饰物中切出文字的形状了。

03

倾斜以增加变化

因为使用带状背景会增加一些角，容易给阅读者留下生硬的印象。稍加倾斜可以产生一些变化。在 Illustrator 中选择对象，用 ↻（旋转工具）来使其倾斜。

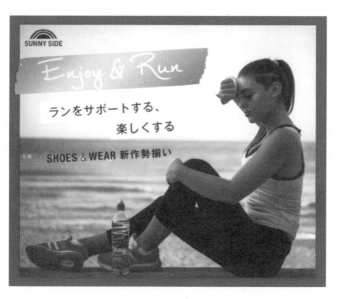

增加留白以提高可读性

在将文字包围或者用带状背景进行修饰的时候，要通过增加文字的空间感让其拥有较大的留白，以提高可读性。没有留白的装饰效果，会给阅读者留下逼仄的印象，且其可读性会下降。当想要调整边框或者带状背景的尺寸时，先选择对象，从"效果"菜单中使用"路径"→"位移路径"功能。通过先勾选预览，然后输入数值的方法，在保持对象原尺寸的前提下可以调整留白的面积。

使用字体 新哥特体 B

使用图片制作文字

将单词或者笔画的一部分与图片素材组合，将信息用视觉化方式来表现，这种设计方法可以将内容传达出有冲击力的效果。设计时要考虑图片与字形的和谐度，加入素材后应该毫无违和感且能够被阅读。

与意思联动

Bodoni Book

将文字的意思结合图片进行表达，通过视觉传达内容。

考虑起源

Kozuka Mincho B

从汉字等的起源来选择可替代的图片，这样可以让其拥有文字的含义。

修饰部首

将偏旁部首等汉字的组成部分用图片来置换，可以设计出使人印象深刻的文字。

难以理解的文字

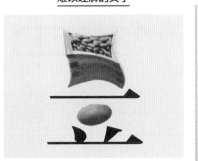

造型不佳或者难以传达意思的素材不适合置换文字的某部分。

- ☑ 信息可以一目了然、易于传达
- ☑ 给予视觉冲击
- ☑ 要考虑图片和文字的整体感

》》》 范例

对象	目标		案例
20~30 岁的男女	提高求职者想应聘的欲望	×	招聘广告

用正在向前奔跑的男性图片将"进"的一部分进行替换，增强了视觉冲击效果。大面积的图片和广告语组成了一个很有气势的设计作品，可以激起阅读者的欲望，使其对这个招聘网站产生兴趣。

实际操作

01

布置文字

先选择基础字体，然后对文字进行布置。要有平衡感。根据广告的内容和设计理念，采用了给人认真且诚实印象的明朝体。

使用字体 A1 Mincho Bold（进め）

文字和图片的置换

将文字的一部分置换成图片。剪切下"进"的"辶"部分，然后换上图片，调整，使其看起来像是文字一部分。使用正要全力向前奔跑的男性图片，可以将文字的含义通过视觉效果进行传达。

03

调整字形

当换好图片后文字很难被看成是文字的时候，要增加一些元素将其进一步整理成贴近文字的形象。这里在男性图片中增加了影子效果，并将其调整为接近于"辶"的样子。

通过加入影子，还起到了增加图片跃动感的附加效果。

04

营造整体感

通过将文字轮廓化，展现出有气势的样子，就有了图片的整体感。另外，在设计上也产生了景深效果，很有立体感。

制作与图片结合的文字

❶ 选择想要将其变形的文字，从"字体"菜单通过"创建轮廓"〔⌘(Ctrl) + shift + O 组合键〕来制作文字的轮廓。由于轮廓化的文字是一个组合，所以要通过"对象"菜单进行"取消编组"的操作。

❷ 用 ▷ (直接选择工具) 选择 "辶" 的部分，用 delete 键进行删除。

❸ 将调整好的图片放在原来 "辶" 的位置。为了使其更接近 "辶" 的形状，添加一个影子效果并与之结合起来。

❹ 用 ▶ (选择工具) 将文字的轮廓选好之后，更换为 ⬚ (自由变换工具) 进行"透视扭曲"，这样就可以添加透视效果了。

使用插画制作文字

将文字的一部分换成插画，可以产生容易亲近的简约的感觉，以吸引阅读者的注意。这是一种通过组合文字和插画来增强信息性，还可以轻松地传达内容的设计方法。

基础字体

Helvetica Black（ABC）
Gothic MB101 H（あいう）

为了和换上的插画能够融为一体，要选择基础的字体。

简单的插画

为了让插画容易被识别为文字的一部分，要使用像标志一样的简单的插画。

增加修饰，营造整体感

给没有插画的文字加上一些修饰，使其和有插画的文字有共通性，这样会营造出整体感。

复杂的替换

插画过于复杂，或者将文字用插画过度置换，信息会变得难以阅读。

- ☑ 通过增加一些视觉效果，强调关键词的形象
- ☑ 将外形单纯的文字进行插画化，可提高可读性
- ☑ 选择和插画容易搭配的基础字体

>>> 范例

── 对象 ──	── 目标 ──		── 案例 ──
20~40 岁的男女	宣传风景名胜	×	旅行介绍

将东京的城市写真进行出血设置，在营造出自然感的留白处布置标题，可以让阅读者印象深刻。用"日本"和"东京"有代表性的亲切又可爱的插画元素将文字置换，更直观地表达了"东京"的形象。

实际操作

使用字体 Midashi Go MB31

01

布置文字

在修剪后的图片中配置基础的文字。通过将标题布置在自然感十足的留白处，人们看组合了插画的文字的视线会更集中。

置换为插画

选择容易加工且辨认性不易被破坏的文字。然后将字形接近且简单的文字替换为与内容相关联的插画。在这个范例中我们将"T""O"和"I"替换为"寿司""熊猫"和"东京晴空塔"（都是可以联想到"东京""日本"的元素）。因为插画化的文字过多时会给阅读者留下散漫的印象，所以仅对文字的 1/3 左右进行了加工，这样整体平衡感比较好。

两个"O"仅置换了一个，这样可以增加变化。

笔记

选择易于置换的文字

置换为插画的文字，要选择笔画少的、直线多的、形状简单的文字。平假名适合选择"い""く""こ""し""つ""て""の""ひ""へ""ん"，字母适合选择"C""I""L""O""S""T""U""V""X""Y""Z"。要重视单词中的平衡，参考上面的内容来选择可置换的文字。

置换前

置换后

置换前

置换后

03

增加修饰，进行强调

在没有被置换的文字中也加上一些插画的修饰，可以让其具有统一感。在这个范例中加入"樱花""纸鹤"等可以联想到"日本"的元素进行修饰，会产生整体的统一感。

增加和氛围匹配的修饰

配合置换了文字的插画，在其他的文字中也增加修饰可以使其有统一感。从和主题共通的关键词中试着联想一下相关的元素。通过增加修饰，营造出热闹愉快的氛围。

甜甜圈店

↓

甜甜圈、咖啡杯
方糖、叉子

切掉一部分

即使文字被切开了，人们也可以通过想象力将缺失的地方进行补充，并可以理解其内容。我们可以大胆地试着将文字的一部分切掉来集中阅读者的注意力，制作出印象更加深刻的作品。

切开字母

Gothic MB101 U

即使被切开，阅读者也可以自动补足欠缺的部分而识别出这个字母。

切开数字

Gothic MB101 U

将数字的一部分切掉，使其成为抓人眼球的元素，可以增强效果。

切掉装饰物的一部分

Gothic MB101 U

通过将强调用的装饰物切掉一部分，会产生一致感。

切掉的部分过多 ✕

Gothic MB101 U

切掉的面积过大，又将切开的部分过多移动的话，会导致其无法被识别为文字。

☑ 通过视觉的作用，使设计更能集中阅读者的注意力
☑ 产生违和感，给予冲击
☑ 让阅读者感受到流动和变化

>>>> 范例

┌── 对象 ──┐ ┌────── 目标 ──────┐ ┌── 案例 ──┐
20~40 岁的男女   希望给阅读者留下下雨的印象 × 舞台剧海报

通过将标题"雨"修改成就像是在下雨一样的效果，可以将相关内容转变为令人印象深刻的图像进行传达。通过变化后的文字形状让阅读者感到有一些违和感，进而让其视线能够停留，来吸引他们的兴趣。

~~~~~~~~~ 实际操作 ~~~~~~~~~

如果切掉棱角分明的字体的一部分，那么会由于短线过多而给阅读者留下生硬的印象，所以要选择比较柔和的字体。

01

布置文字
选择适合内容的字体。在这个范例中为了表现雨落下的样子，使用的是带有圆角的字体。

使用字体 Marumin Old 7.1(雨の) Hannari Mincho(す、うび)
02 Utsukushi Mincho（いよ）

02

切掉文字的一部分

对于各个部分相对独立的文字，要一边考虑平衡感和可读性，一边设计要去掉的文字的线条。为了避免过多地增加切掉的部分，要调整成每个文字都不难被识别的状态。另外，被切开的部分移位时不要分开过远，导致文字无法被识别。

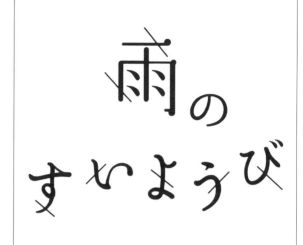

03

增加变化，进行修饰

使文字上下错位，或者使切开部分适当偏移以做修饰。在范例中，给文字加上了像波浪一样的上下位置变化，这样就会产生一种韵律感。另外，"雨"字中间的点用 ▷（直接选择工具）进行位置偏移，可以形象地表现出雨水落下的样子。

将一部分切掉以增强偏移的印象

❶ 选择要进行加工的文字，从"字体"菜单中
选择"创建轮廓"〔⌘（Ctrl）+ shift + O 组合键〕
制作文字的轮廓。因为想对每一个文字都增加
这样的修饰，所以选择文字的轮廓，从"对象"
菜单进行"取消编组"的操作。

❷ 使用 ✒（钢笔工具）在文字上画出切除
线。将"描边"指定任意的颜色，并将线的
端点定为"圆头端点"。选择这个路径，用
⌘（Ctrl）+ C 组合键进行复制→⌘（Ctrl）+ F
组合键在同一位置进行粘贴。

❸ 选择与想要切开的文字轮廓重叠的其中
一根线，用"路径查找器"面板中的"路径
查找器：分割"来进行分割操作。因为分割
后的轮廓是编组的，所以要先从"对象"菜
单进行"取消编组"的操作。

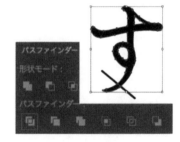

❹ 选择想要移动的文字路径，使用键盘上
的方向键进行移动并调整其位置。之前已经
复制好的切除线的路径也可以进行适度地
移动，来调整平衡感。

切除线的路径

想要移动的路径

将语言形象图像化

将表达感情或者外观的词语形象通过具体的插画或者形状来表现，用其来对文字的一部分进行修饰，可以增强印象。将字体给人的印象和要表现的形象结合，设计效果会更好。

把握字体的形象

综合字体原有的印象与想要表现的形象选择字体。

将形象换成插画

将想要传达的形象换成简单且直观的插画。

将一部分进行置换

通过字体和插画的组合，可以增强语言的形象感。

通过修饰留下印象

通过使用的颜色及修饰来增加印象，可以增强设计给阅读者留下的印象。

- ☑ 选择和语言形象接近的字体
- ☑ 在文字的布局中加入主次感可以增强印象
- ☑ 考虑可读性将文字的一部分进行插画化

对象	目标	案例
20~40 岁的男性	将辣度诉诸视觉效果	活动通知

× （案例位于乘号右侧）

将设计重点集中在辣度上，通过放大的"激辛"这个关键词形成视觉冲击，将活动的内容直观地传递出来。修饰成像火焰一样熊熊燃烧的文字，用的不是哥特体而是大胆地采用了粗体的明朝体，使整体氛围很有紧迫感。

╱╱╱╱╱╱╱╱╱╱╱╱╱╱╱╱ **实际操作** ╱╱╱╱╱╱╱╱╱╱╱╱╱╱╱╱

01

布置文字

将想要强调的信息放大，让其有气势，版面会给阅读者视觉冲击。这里用的不是一般在想要增加视觉震撼力时使用的哥特体，而是大胆地使用了明朝体，在设计中加入了紧迫感。

使用字体 Ryumin H-KL

活用字体的形象

明朝体原本给阅读者留下的印象是"典雅、成熟、优美"，通过大胆地使用粗体的明朝体也可以表现张狂的样子及紧迫感。通过有效地使用字体所拥有的各种形象，来表达希望表现出的氛围吧。

哥特体不仅可以让阅读者感受到震撼力，也可以给阅读者留下现代且愉悦的印象。

使用字体 Gothic MB101 DB

利用明朝体给人的典雅印象，可以给阅读者带来严肃感和紧迫感。

使用字体 Kozuka Mincho B

02

将文字变形

选择文字，从"字体"菜单选择"创建轮廓"〔⌘（Ctrl）+ shift + O组合键〕制作文字的轮廓，将其分为几部分然后进行变形。制作增强形象的插画，然后与文字部分进行组合。在这里制作出用火焰来表现辣度的插画，然后用其将汉字的点置换掉。

选择火焰的部分和文字的轮廓，通过"路径查找器"→"形状模式：联集"可以将修饰部分和文字的轮廓变成一体的。

03

增加修饰以强调

使用增强文字印象的效果，可以使其更引人注目。在这个范例中在"效果"菜单选择"风格化"→"投影"使文字"激辛"看起来更立体。

> 使用表示辣度的辣椒红色，可以进一步强化氛围。

笔记

通过文字的变化表现形象

通过给文字增加线条的透视效果（远近感），即使是正常的字体也可以表现出某种形象。不破坏字体的同时还可在设计中保持一致性，能够在保证可读性的同时增强整体氛围。

实録恐怖体験
↓
実録
恐怖体験

虽然使用的是明朝体，但是给文字增加动感可以增强恐怖的氛围。

使用字体 Kozuka Mincho B

体现出景深感

有透视效果的文字可以产生景深感，让阅读者感受到视觉震撼力和跃动感。景深效果可以扩展设计的空间，可以让文字看起来更有立体感，设计会更具视觉冲击力。

有透视感的文字

Koburina Gothic W6

有透视感的文字，可以让阅读者感觉到景深效果。

增加修饰

Koburina Gothic W6

在有透视效果的文字中加入与其一致的修饰效果，可以进一步增强立体感。

贴合视觉效果

Cambria Regular

搭配和背景图片的透视效果一样的文字，设计会有整体感。

透视的错乱

Koburina Gothic W6

如果背景或者装饰和文字的透视效果有混乱，那么设计只会让阅读者觉得有违和感。

- ☑ 产生气势和速度感
- ☑ 通过营造景深效果，可以让阅读者有宽广的感觉
- ☑ 设计中的透视效果不一致时会有违和感，要注意避免

》》》 范例

┌─── 对象 ───┐   ┌─── 目标 ───┐   ┌─── 案例 ───┐
│ 20~40 岁的男女 │   │ 增强宣传活动的限定感 │ × │ 横幅广告 │
└──────────┘   └───────────┘   └──────────┘

根据色彩斑斓的放射状的背景制作文字的透视效果，可以让阅读者感受到气势和速度感。就像着急地说"只在当下有活动"一样，对时效性进行了强有力的表达。透视效果可以产生景深感，版面会更加引人注目。

───────────── 实际操作 ─────────────

> 将消失点放在设计的右外侧，从那里向左发出放射状的线条。

01

加入背景

通过给背景加入透视效果，可以营造出景深感。在这个范例中背景是色彩斑斓的放射线状的，画面有一种逼近感的气势。依据参考线制作，透视效果会很整齐，可以在上面布置其他对象。

制作放射状的参考线

❶ 拉一条直线（视平线），设定消失点。这个时候，消失点不是必须在画面内部的。穿过消失点，再画一条任意角度的直线。

消失点

❷ 选择在 ❶ 中制作好的直线，单击 ↻（旋转工具）。让其中心点和消失点重合，按着 option（Alt）键旋转直线进行复制。用相同间隔增加复制直线的时候，在选定直线的状态下反复使用 ⌘（Ctrl）+ D 组合键即可。

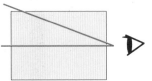

❸ 选择所有的直线，从"视图"菜单中用"参考线"→"建立参考线"进行参考线的制作。参考参考线布置对象，通过 ▶◁（自由变换工具）进行变形，可以制作出有景深感的背景。（参照 p.149）

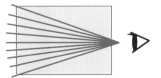

为了让"10 倍"这个关键词更显眼，仅改变"10"的字体和色彩。

使用字体 Gothic MB101（ポイント、倍~） Kocho Heavy（10）

02

布置文字

在背景上面布置文字。为了让文字即使加入了透视感也很容易被阅读，选择了横竖笔画粗细一致的哥特体。为了分出主次，仅把最希望被看到的文字字体和色彩改变，增加变化。

03

将文字变形

将文字变形时，要与背景平行。文字要进行轮廓化，使用👜（倾斜工具）增加透视效果。为了不产生违和感，要沿着参考线增加景深感，想要使之显眼的部分可以大胆地对字体进行放大，以起到强调作用。

在想要强调的部分打乱透视效果

透视效果有偏差的话会给阅读者造成视觉混乱，留下难以阅读的印象，所以基本上整齐是很重要的。但是，如果所有的透视效果都过于整齐，有时会将想要突出的文字变小。在这种情况下，可以仅将重点部分忽略透视效果而放大。因为有视线的关联性，所以阅读者自然地也可以集中注意力。由于是重点而将尺寸调大的部分，稍微加入一些透视效果的话，可以减轻违和感，营造出整体感。

在正确的透视中，想要突出的"10 倍"会变小，变得不容易被注意到。

165

变形
09

隐藏一部分

将文字的一部分隐藏，是一种可以唤起阅读者想象力而引起其兴趣的设计方法。为了不影响可读性，可以加上注音或用其他形式来补充说明。试着进行这种独特的设计吧。

隐藏一部分

兄えない

Kozuka Mincho B

通过将文字结构的一部分进行隐藏，来吸引阅读者的关注。

文字出血

えない

Kozuka Mincho B

通过出血设计来实现隐藏字形的一部分。

用注音（注音假名）来补充

見えない

Kozuka Mincho B

在设计日语文字时，可以补充汉字的读音，这样即使隐藏了一部分也可以传达语言的意思。

有主次之分

兄えない
文字

Kozuka Mincho B

不是将所有的文字都进行这样的修饰，而是仅限于修饰一小部分，这样阅读者对被隐藏的文字印象就会更深刻。

☑ 和有神秘的氛围及能让人感受到紧张感的明朝体很搭
☑ 通过隐藏，可以刺激阅读者的想象力
☑ 为了避免文字难以阅读，可以用注音等方法来补充说明

>>> 范例

对象	目标	案例
20~40 岁的男女	增强神秘感	× 舞台剧海报

将"隐"这个字的一部分隐去，在增强了标题印象的同时，也完成了像是解密一样的神秘感十足的设计。稳重的配色和明朝体让阅读者可以感受到寂静的紧张感，使其对内容也会充满兴趣。

///// **实际操作** /////

利用出血和不稳定的布局，给阅读者留下神秘的印象。

01

布置文字

使字形的一部分位于出血处，就像是文字被隐藏起来一样。在这里为了增强紧张感，选择了明朝体。

使用字体 Ryumin L-KL（隐） Ryumin R-KL（された）
Ryumin L-KS（カギ）

02

将文字变形

在要隐藏的部分用 ✏（钢笔工具）画一个矩形，在"填色"中选择背景色，将其隐藏。如果将文字轮廓化后删除隐藏的部分，那么在之后想调整平衡的时候就会比较麻烦。

用矩形隐藏

通过将"ギ"的浊音符号"浊点"换成主题图案，可以增强标题的印象。

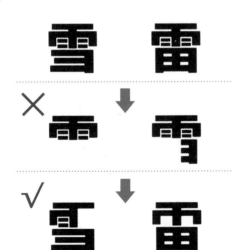

隐藏时要将文字的特征留下

如果将汉字的偏旁部首以外的结构要素进行隐藏，那么会无法明确这是一个什么字。所以为了不影响字形的可辨识性，要对字的结构做很精巧的减法设计，要慎重地调整隐藏的位置，不给阅读者造成混乱。

03

提高可读性

就像是对隐藏部分的补充一样，添加注音（注音假名）可以提高可读性。通过在隐藏部分的位置填入注音，也可以让人理解这是一个文字的整体。在设计时要在这方面下功夫。

笔记

以违和感吸引人

大家也许都见过街上的某块看板中的文字因为常年经历风吹雨打而有些部分缺失的样子吧。在这种情况下，虽然不是有意为之而造成的效果，但阅读者对缺失的部分确实会更有印象，想必不少人会不自觉地把目光转移至其上。灵活地运用这种本来应该有但故意使其缺失而造成的违和感的方法来吸引注意力，不失为一种好方法。

違	和	感	を	与	え	る
違		感	を	与		る

让人感受到风

让我们对文字结构的一部分进行变形，加上一些可以对关键词起到强调作用的修饰效果。在这里我们将一个文字进行随风飘动效果的设计，这样的设计可以让人感受到一种开放感和惬意的氛围，从而引起阅读者的兴趣。

舒适的风

Kozuka Mincho B

通过对文字的撇进行修饰，会让其成为能够让阅读者感受到风的文字。

强风

Shin Go B

通过原字体的形状及增加的修饰效果，可以表现出风的强度。

用修饰进行强调

Utsukushi Mincho

加入能够和内容搭配的修饰元素，可以增强印象。

用色彩增加印象

Utsukushi Mincho

根据季节等要素来改变色彩，可以进一步提升设计整体的形象。

- ☑ 可以提升关键词所拥有的形象
- ☑ 和撇、捺笔画尾部较细的明朝体很搭
- ☑ 加入和内容相符的修饰元素可以更进一步地强调其形象

>>>> 范例

对象	目标		案例
30~50 岁的男女	希望人们能感受到和煦的春风	×	铁路公司的广告

将沿着一排美丽的樱花树奔驰的电车图片进行出血设置，可以让阅读者的注意力集中到这个有冲击感和景深的画面中。通过让人感受到春日和煦的风一样的修饰方法，增强了文字及设计整体的氛围。

实际操作

为了增强日本春天的气氛，采用了竖排版方式，强调了"和风"的形象。

01

布置文字

为了融入樱花的风景中，选择撇、捺部分很有特点且能够让人感受到柔和笔触的明朝体。通过考虑自然清新的感觉而将文字布置得比较宽松舒适的方法，版面会让阅读者感到好像风可以穿过的感觉。

使用字体 Kaimin Sora（春をさがしに）
Gothic BBB（春は、寒い等）

将字体变形

将明朝体的撇、捺部分进行变形，加入就像是文字被
风吹拂的修饰效果。设计时要想象风吹来的方向，字
体的变形不能产生违和感。

想象风从右侧吹来，将文字
的撇向左延伸。

用选择工具对轮廓进行变形

选择想要将其变形的文字，从
"字体"菜单选择"创建轮廓"
〔⌘（Ctrl）+ shift + O组合键〕
来制作文字的轮廓。用▷（直
接选择工具）拖拽锚点，将其
变形为任意的形状。想要追加
锚点的时候，在选择轮廓的状
态下，使用✐（钢笔工具）或
添加锚点工具。但如果增加过
多锚点，字体会走形，所以要
尽可能少地添加锚点。

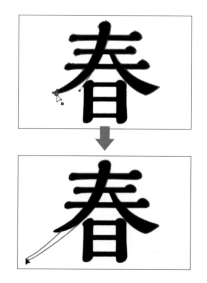

03

增加修饰以强调形象

把符合整体形象（这里是"春"）的插画围绕在文字周边，可
以增强印象。通过将插画一部分散落在文字的周围，一部分与
文字重叠这样的变化，可以在产生整体感的同时还有灵动感。

笔记

通过字间距表现风的强度

用调整字间距的方法也可以表
现出风的强度和气势。空隙越
大越缓和，会给人以清风徐徐
的感觉。与其相反，在想要表
达强风的时候，要把文字调得
紧凑一些来表达紧迫感和强力
度。再通过修饰文字进行调整，
可以更加强调语言的形象。

そ よ そ よ

使用字体 Kozuka Mincho M

台風襲来

使用字体 Ro Brush U

表现出宽松感

通过使用柔和的带有圆角的字体，调大字间距来表现宽松的感觉。这样可以在设计中产生亲切感和可爱感，给阅读者以内心平和且惬意的印象。

描边字

Futomaru Gothic Regular

通过使用描边字减少填充的面积，可以给阅读者留下轻快的印象。

手写风的字体

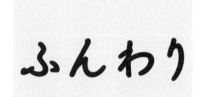

KafuMark B

在关注可读性的同时，可以使用手写风的字体来进行修饰。

对一部分进行修饰

Koburina Gothic W6

将文字的一部分进行变形，更换为柔和的插画等，可以增强印象。

增加动态变化

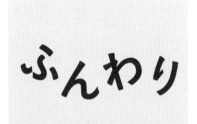

Koburina Gothic W6

通过给文字加上缓和的动态变化，可以让设计有韵律感。

- ☑ 将字间距拉大，营造宽松的空间
- ☑ 加入动态变化，增加韵律感
- ☑ 选择有圆角的柔和的字体

>>> **范例**

┌─── **对象** ───┐　　┌─── **目标** ───┐　×　┌─── **案例** ───┐
20~50 岁的男女　　　传达悠闲之旅的氛围　　　横幅广告

用柔和的字体制作的能够表达出平和感的标题，表现出了在镰仓享受悠闲散步的惬意。使用了和画面主体绣球花相符的颜色，使设计有统一感。

────────── 实际操作 ──────────

用"设置基线偏移"功能（参考 p.124）进行调整，将"ゆるり"这三个假名调整上下位置。

01

布置文字

将字间距放大，在保证看起来很宽松的前提下布置文字。在这里为了增强愉悦的印象，将文字做了上下位置的动态调整，赋予其缓和的韵律感。

使用字体 Gothic

02

改变字体

在选择新字体的时候要考虑柔和感。可以通过使用几种不同的字体来区分主次关系。

使用字体 Tsukushi Mincho H（鎌倉～）　Tsubame R（ゆるり）
Tsukushi A Old Mincho（1DAY）　Hiragino UD Maru Gothic W6（お散歩～）

03

将文字变形

将一部分文字进行变形，增加可以增强宽松感印象的修饰效果。在这里将"ス"进行延伸来增强其印象（参考p.172）。另外，"お"的点也被换为了绣球花，这样与图片更有整体感。

将"お散歩パス"的文字线条通过"画笔"面板进行变更，增加了手写风格的宽松感。

04

变更色彩，增强印象

变更文字的色彩，来增强印象。使用有淡淡的柔和感的色调，可以表现出温柔感。

以绣球花的浅色为基调，从粉色到紫色的渐变色修饰可以增强整体的印象。

改变文字一部分的形状

❶ 选择要变形的文字，用"字体"菜单的"创建轮廓" 〔⌘（Ctrl）＋shift＋O组合键〕来制作文字的轮廓。

❷ 为了增加缓和感，选择文字的路径，从"效果"菜单选择"扭曲和变形"→"粗糙化"将字形做一点儿变形。勾选"预览"后，一边看效果一边进行调整。

❸ 为了做像花一样的修饰元素，用 ✐（钢笔工具）像画又一样来描绘其轮廓。通过"描边"面板将线条加粗，选择"圆头端点"，将其调整为花的形状。

❹ 选择画好的轮廓，从"对象"菜单中选择"路径"→"轮廓化描边"将线条变换为对象。为了使其成为一个对象，接下来要用"路径查找器"→"形状模式：联集"来进行结合。给这个轮廓添加宽松感，也要用到"粗糙化"功能。

❺ 用 ▷（直接选择工具）选择想要置换文字的部分，然后删除。调整花形的尺寸，将其置于删除部分的位置上。

图标化设计

整理相关信息将其总结成一个图标（icon），让设计拥有一瞬间就可以飞入阅读者眼中的优势。与内容相匹配的修饰效果可成为吸睛之处，阅读者自然就会将目光集中在上面。这样就可以将必要的信息进行清楚的传达。

图标化

Gothic MB101 H

通过将信息进行简洁的总结，来吸引阅读者的视线。

要考虑阅读的难易程度

Gothic MB101 H

通过区分主次进行整理的方法，从图标中就可以一眼看明白相关内容。

修饰形状

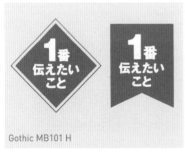

Gothic MB101 H

使用符合想要传达内容的形状进行修饰，可以进一步提高存在感。

滥用图标化设计

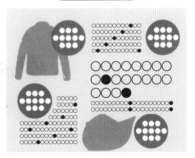

如果过多地使用图标化设计，希望显眼的部分反而会被埋没。

- ☑ 通过图标化，阅读者可以立即识别出相关信息
- ☑ 总结信息时要分清主次
- ☑ 提高跳跃率来增强信息性

〉〉〉 范例

━ 对象 ━	━ 目标 ━		━ 案例 ━
20~30 岁的男女	将信息总结起来，让人一眼就可以看明白	×	活动横幅广告

将活动的标题进行图标化处理，将希望大家一眼就可以看到的信息进行总结整理，做出非常抓人眼球的广告。将轻快的字体和一些分散的小元素进行组合，营造出了有动感且令人愉悦的氛围，向阅读者传达了新生活的明快印象。

实际操作

01

布置文字

为了将商品图片进行拼贴并分散布置，将文字信息集中到中央部分。

使用字体 Circe Extra Bold（Hello）
Takapokki Min R（新生活等）
Circe Bold（10% OFF）
Hiragino UD Maru Go W6（キャン等、暮ら等）

HELLO NEW LIFE
新生活応援
キャンペーン
10%OFF
暮らしを彩るアイテムが勢ぞろい！

02

整理优先顺序

整理信息的优先顺序，设定文字尺寸。
微小的尺寸差异很难给阅读者传递重
点信息，所以需要提高跳跃率，仔细
地区分主次。

HELLO NEW LIFE

新生活
応援
キャンペーン

10%OFF

暮らしを彩るアイテムが勢ぞろい！

图标化的重点

把握以下要点，制作容易向阅读者进行传递的图标。

（让关键词更显眼）

在图标中的要素要通过尺寸、字体
来区分主次以整理相关信息。将关
键词或字符调整为尽可能大的尺寸
而让它更显眼。

（要考虑边界）

要考虑边界问题，将文字的排列和
高度进行整理，使之成为容易看清
的图标。基本操作就是将图标里面
的元素缩小，进行紧凑的布置安排。

（使用边框）

对内容进行补充的文字可以使用边
框，与内容进行区分，这样还可以
分出主次。在使用边框的时候要注
意留有边距（p.032）。

03

增加修饰，
区分主次

增加修饰以强调图标的整体感。通过用虚线包围、加入带状装饰可以区分主次。因为主标题使用了多种色彩，所以用黑色带状装饰来收口以加强图标的存在感。

笔记

用插画强调形象

在图标中加入与内容相关联的插画，可以进一步增强印象。另外，把插画用作边框也可以做出吸引关注的图标。将整体的氛围和主题相结合，然后再来进行修饰的探讨。

在某一点加上插画，可以表现出时尚感。

被插画包围起来的图标可以更具象征性。

数字设计

数字也是可以成为视觉焦点的要素。让我们用符合内容的插画或者其他元素对关键的数字、编号、价格及年月进行修饰，进行一次可以增强印象并且给阅读者带来视觉冲击的设计。

设计数字

修饰其形式，通过与其他的设计要素进行区分，可以让数字更加令人印象深刻。

用气球来修饰

使用丰富的色彩，可以留下更流行的印象。在活动通知等上面使用效果会很好。

用植物来修饰

设计面向女性等的媒体时，想要表达华丽感和美感的时候可以使用此方法。

装饰成人物形象

可以给人留下像绘本一样可爱的印象，在面向孩子或者风格比较轻松的媒体中经常被用到。

☑ 当数字是关键词时，可以进行强调，会使人印象深刻
☑ 与符合主题的设计素材组合起来可以增强信息性

》》》 范例

对象	目标		案例
30~50 岁的男女	突出对惠顾者的感谢及活动邀请	×	通知 DM（通知传单）

为了让 50 周年这个关键词留给阅读者深刻的印象，用彩带对数字进行设计，从而增强了典雅的氛围。这还可以让阅读者联想到礼物的包装，所以对顾客的感谢之情以及参加活动会有所收获的信息也得以传达。

实际操作

01

布置文字

为了能让大家关注数字这个关键词，在设计时将它进行了放大。选择想要进一步加工的符合形象的字体。因为在这个范例中要将其加工为飘带状，所以使用了有曲线的手写风格的罗马体。

使用字体 Snell Roundhand Bold

02

将文字变形

根据从主题中选择的形象，对文字进行变形处理。整理想要传达的内容，选择容易对数字进行修饰的主题图案。

以要引发"感谢"→"礼物"→"彩带"这样的联想来设定主题图案。

笔记

制作思维导图，联想主题图案

在从想要传达的内容中联想出主题图案的时候，通过制作思维导图可以整理思考内容，头脑中也容易闪现出创意。所谓思维导图，就是从写在纸中央的主题开始，以放射状拓展想到的事情及形象来发散思维的工具。不仅局限于选择主题图案，从设计核心的主题开始尝试用思维导图做联想的话，很有可能会激发灵感。

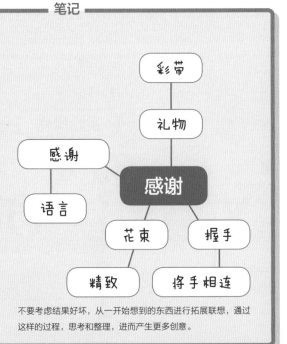

不要考虑结果好坏，从一开始想到的东西进行拓展联想，通过这样的过程，思考和整理，进而产生更多创意。

03

增加装饰，进行强调

增加容易被辨识的主题图案的装饰可以对其形象起到强调作用。
在这个范例中，对彩带打结的部位和头尾位置的细节进行了修饰，
使其看起来更自然。

使用了符合主题概念的红色，增
强了典雅的印象。

角度

连笔 尾部

**在理解文字形状的前提下
进行变形**

在理解了原有字体特征的基
础上变形的话，可以从外观
上进行没有违和感的设计。
要关注斜体的角度、尾部的
流线、线条的强弱等。对与
原字体轮廓的一部分结合的
一些修饰物进行修整，从"路
径查找器"面板中执行"形
状模式：联集"操作。然后
用 ▷（直接选择工具）调整
锚点，将形状修整为平滑的
曲线形。

做成标志

通过把文字和插画组合，制作象征着标题或相关信息的标志（logo），可以给阅读者留下很深的印象。在设计中区分主次可以让标志有更强的存在感，吸引阅读者的注意力。

使用让人印象深刻的字体

Monotype Corsiva Regular

选择符合相关形象的字体，可以增强内容的印象。

增加修饰

Monotype Corsiva Regular

设计象征着单词意思的插画，可以使文字让人更加印象深刻。

强调对比

Monotype Corsiva Regular

通过强调与其他要素的对比，使阅读者的关注度集中在标志上。

信息过多的标志 ✕

Monotype Corsiva Regular

构成要素过多，使得阅读者对标志的理解变得艰难。

- ☑ 通过标志化，信息可以被紧凑地结合在一起
- ☑ 通过修饰可以强调语言、关键词及主题的形象
- ☑ 通过字体的粗细来增加强弱感，可以区分主次

>>> 范例

对象	目标		案例
20~40 岁的男女	希望大家来参加登山活动	×	通知广告

通过粗的字体来表现山所拥有的力量，可以增强阅读者的印象。用活动内容图案化的山作为插画来制作标志，可以让人看一眼就能了解相关内容。

实际操作

01

布置文字

在想要强调登山的力量感的情况下，使用粗体的哥特体可以增加印象。

采用时尚的哥特体来增强印象，将最少的信息简洁地整理成标志。

使用字体 Futura（TREKKING）

　　　　 LoveMeAvenue Regular（IN MT.TAKAO）

02

增加修饰，强调形象

增加象征着活动内容的修饰物。在这个范例中，通过加入山的插画，可以直观地将内容进行传达。再通过用散在周围的与登山相关的插画和标志进行衬托，可以强调其存在感。

通过手写体文字增强信息性

手写体文字可以让阅读者感受到像正在聊天一样的亲切感和现场感，也有增强信息性的效果。如果使用在标题或者标语等希望足够醒目的部分，可以让阅读者更有印象。

楷书字体

手書き
free hand

Beautiful font（上）
Kafu Penji L（下）

通过美丽的文字，可以给阅读者留下值得信赖和清爽的印象。

可爱的手写体文字

手書き
free hand

KFhimaji Regular

增加了模拟感之后，设计一下子就变得更容易接近了。

有品位的手写体文字

手書き
free hand

DS-Uminwalk Regular

在某一个要素上使用的话，可以表现出柔和的氛围。

淹没重点

Kozuka Mincho B（美しいインテリア）
Haruhi Gakuen L（あなただけの等）

如果将文字全都设置为手写体，信息会变得难以阅读。要选择重点内容使用手写体。

☑ 可以让阅读者感受到现场感和亲近感
☑ 视觉形象可以让阅读者产生正在聊天的印象，增强信息性
☑ 在设计中可以体现柔和感

>>> 范例

── 对象 ──	── 目标 ──		── 案例 ──
20~30 岁的女性	希望更多人可以参加	×	招聘广告

通过用手写体文字对广告语进行修饰，整体设计给人的感觉是：这句广告语就像是图片中的女性说出来的话一样。在这个范例中用女性化的比较成人风格的手写体文字，表现出了职场女性发自内心强大和生动的形象。

实际操作

01
布置文字

为了与图片的形象保持一致性，使用了可以让阅读者感受到女性的柔中带刚的手写体。

02
调整文字的平衡

调整文字间距和行距以增强信息性。通过将留白扩大，可以让阅读者有图片中的女性是在缓缓地说着这些话的感觉。

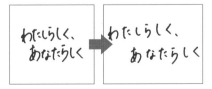

在没有找到符合形象的字体的时候，可以将自己手写的文字进行扫描，作为 Tiff 素材使用也是很好的。

让手写体文字看起来像图片

手写体文字除了有增强信息性的效果，也可以灵活地和图片素材等进行组合，把新组合当作有视觉冲击力的装饰来使用即可。使用时要和作为主角的标题等希望被阅读的文字形成强弱感的区别。

布置出游戏感

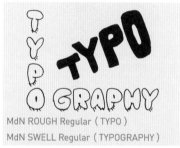

MdN ROUGH Regular（TYPO）
MdN SWELL Regular（TYPOGRAPHY）

布置出很有趣的文字，可以使之留在阅读者的印象中。

与图片关联

MdN ROUGH Regular

使像涂鸦一样修饰过的文字与图片相关联，这样故事感就产生了。

强调对比

Helvetica Black Condensed（TYPO）

在布置时考虑与主要文字要素的对比，使其更显眼。

修饰元素过于显眼

Helvetica Black Condensed（TYPO）

如果作为修饰效果的元素过于显眼，那么希望被注意的关键内容就会变得不明朗。

- ☑ 可以营造出愉悦、热闹的氛围
- ☑ 与插图图片关联，可以让设计拥有一体感
- ☑ 通过插入单色的插画，图片的对比感会更强烈

>>> 范例

对象		目标		案例
10~20 岁的女性		想要增强流行且愉悦的印象	×	网站主角形象

为了突出奔放夏日中充满元气的形象，图片的背景全面采用了手写体文字和插画装饰，营造了非常欢乐的氛围。考虑与图片的对比，装饰统一为一个主题，与黑色的标题文字进行了主次的区别。

实际操作

将标题用的哥特体稍微变形，在保持其存在感的同时可以提升整体的氛围。

使用字体 Gotham（SUMMER）

Harman Script（collection）

01

布置文字

根据图片，布置标题等主要文字。因为在装饰中要加入手写体文字，所以主要文字选择的是较严谨的字体。

增加修饰

将手写体文字和插画都作为装饰加入其中。根据内容，将有时尚感的文字和插画进行组合后铺满整个版面。将文字和插画在实际布置了图片的版面上绘制的话，可以更容易表现出整体感。

如果您无法很好地写出手写体文字，也可以使用描图纸描摹自己喜欢的字体。

强调对比

为了让主体图片看起来更显眼，修饰元素使用和背景同色系的色调来增强对比。这样既和标题做了区分，设计整体风格又保持了热闹感的统一性。

在版面中将插画作为手绘素材来使用

将有着主要图片的版面打印出来，画上文字和插画。再加入与其相关联的插画，设计就会变得有趣起来。

画好插画后将其扫描，导入电脑，然后打开Photoshop。删除不需要的部分，从"图像"菜单调出"模式"→"位图"→将输出设定为"350 像素 / 英寸"，以 Tiff 格式进行保存。

将Tiff素材置入Illustrator之后，和普通的对象一样，在"颜色"面板中可以变更颜色。

再现粉笔字

对质感进行修饰，加强文字的印象。大多数人都很熟悉粉笔字在学校黑板上的样子，所以设计可以以亲近感为关键词。在面向学生的媒体中使用粉笔字非常有效果。

严谨的字体

Hiragino Kaku Gothic W8

为了使文字被加工后也容易阅读，要选择严谨的字体。

增加插画

通过给插画进行与文字一样的加工，设计会更有整体感。

用色彩来增强印象

使用彩色粉笔的颜色，设计会看起来更有真实感。

难以阅读的加工

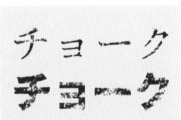

Ro Hon MinSKok M（上）
Hiragino Kaku Gothic W8（下）

原本的字体太细，或者在字体上过度施加修饰效果，文字会变得难以阅读，要注意。

- ☑ 可以让阅读者联想到学校教室的样子，营造欢乐且热闹的氛围
- ☑ 设计有统一感，且充满视觉冲击力
- ☑ 适合与有力度且容易阅读的哥特体搭配

>>> 范例

┌─ 对象 ─┐	┌─ 目标 ─┐	┌─ 案例 ─┐
10~20 岁的学生	通知学生活动内容	通信公司的宣传广告

（目标 × 案例）

面向学生的广告采用一目了然的黑板风版面，可以吸引阅读者的兴趣。被加工成粉笔字风格的文字留给人的印象很深刻，再通过类似学生们涂鸦风格的插画等可以将设计的氛围营造得非常欢乐。

//////// 实际操作 ////////

01

布置文字

在布置文字的时候要考虑修饰的空间。按照重要性将要素进行排序，将跳跃率提高，这样的版面可以集中关注度。为了加工后的文字也能够易被阅读，可以使用可读性高的严谨的哥特体。

使用字体 Corporate Logo B（みんなが学割キャンペーン）

02

将文字变形

将文字加工为粉笔字风格来增
强整体的氛围。一定要注意可
读性，不可使文字过度变形。

03

通过插画等装饰增强印象

将插画布置在周围，可以给阅读
者留下热闹的印象。将其与文字
一样加工为粉笔画风格，可以保
持设计的统一性。另外，通过加
入边框和带状修饰物等装饰来对
信息进行整理，可以更好地传达
信息。

通过将插画和线条修饰为学
生涂鸦的样子，可以表现出
愉快的氛围。

制作就像是用粉笔写出来一样的文字

❶ 在 Illustrator 中输入想要加工成粉笔风格的文字。在这里将其设定为 67.50mm 的尺寸，以矩形为形状制作文字。从"文件"菜单执行"导出"→"保存类型"→以 Psd 格式进行保存。

❷ 在 Photoshop 中打开保存为 Psd 格式的素材。按住⌘（Ctrl）键单击"图层"的缩略图部分，读取选择范围。

❸ 用 delete 键删除填充效果，然后用绘画色指定任意的颜色，选择 ✏（画笔工具）。用"切换画笔"面板的"画笔预设"设定"粉笔（60像素）""大小：300 像素""间距：70%""角度：20°"，纵向移动画笔进行填充。接着，用"大小：300 像素""间距：70%""角度：110°"横向移动画笔进行填充。

❹ 取消选择范围进行保存。然后将其置入 Illustrator，对位置进行调整。

用文字塑造象征物

这是将文字变形后进行组合，使之如插画一样的设计方法。为了能够容易区分被组合起来的各个单词，要区别设置它们的颜色、字体、大小，这样的话表现效果会更加形象化。

将主题用文字表现

Helvetica Regular

用 Star 等文字模仿星形，可以使之更具象征性。

改变字体

Book Antiqua Regular

使用符合概念形象的字体，图形会让人印象更深刻。

赋予冲击力

Book Antiqua Regular

用文字组成的图形有视觉上的存在感，可以为设计赋予冲击力。

提高可读性

Book Antiqua Regular

为了让构成图形的文字更容易区别，要考虑改变颜色等方法。

- ☑ 根据象征物的形状将文字添加进去
- ☑ 使用能够让阅读者联想到象征物的字体
- ☑ 选择简单且具象征意义的形状

>>> 范例

┌─── 对象 ───┐　　　┌─── 目标 ───┐　　　┌─── 案例 ───┐
│ 20~40 岁的女性 │ × │ 表现出巧克力的甜美感 │ × │ 商业机构的活动广告 │
└─────────┘　　　└─────────┘　　　└─────────┘

将文字添加到主题的心形中，通过这种方式把情人节活动的广告用视觉效果进行了传达。手写体文字的组合可以让阅读者感受到温暖，会使人感觉活动充满了魅力。

实际操作

01

制作基础元素

用 Illustrator 制作将文字添加进去的基础形状并对其进行布置。在这个范例中，根据情人节这个主题，选择心形作为象征物。

将文字填入心形

❶ 用 ✏（钢笔工具）画出分割心形的线条路径。
不同的线条用粗细来增加强弱感。选择所有的线
条，然后从"对象"菜单中"扩展"勾选"填充""描
边"，将线条变换为对象。

❷ 选择心形和所有线条对象，从"窗口"菜单
打开"路径查找器"，用"路径查找器：分割"
对心形进行分割，从"对象"菜单选择"取消编
组"，删除不需要的对象。

❸ 将文本放在心形对象的下层。此时不用管文
字的尺寸。

❹ 选择分割后心形的一部分和想要填入的文字，
在"对象"菜单中单击"封套扭曲"→"用顶层
对象建立"。如果想要改变字体或者重新输入文
字，可以通过"对象"菜单选择"封套扭曲"→"编
辑内容"来进行调整。

❺ 对文字变形较大而影响阅读的部分，首先将
这部分进行轮廓化，然后点击"对象"菜单的"扩
展"，最后用 ▶（直接选择工具）调整锚点。

02

改变字体

改变每一个填入其中的单词字体，会提高识别性。参考经常用在巧克力包装上的字体，使用手写体可以给设计增加温暖感和可爱感，能够将活动的内容通过视觉效果进行传达。

> 参考 p.134 字体的组合方法，加以区分主次，可以让每个单词都容易被识别。

使用字体 Helvetidoodle Outlines by Ed T Regular（VALE 等）
TribSCapsSSK Regular（2.14） Inked Classic Regular（LOVE 等）
SchoolBookNew（FRIE 等） Mishka Regular Regular（PRES 等）

03

改变色彩，突出主题

同化为图形的文字难以区别每一个单词，所以要改变重点单词的文字色彩。在这个范例中，将关键词"VALENTINE'S DAY"的色彩进行改变，使之令人瞩目。

融入图形中

标题和宣传语过于复杂的设计，有时候会因为信息传递过剩而给阅读者留下负面的印象。此时可以用另外一种方法设计：直接将文字设计得看起来就像一张图，以不过度设计并且能够给阅读者冲击力为目标。

宽字体

Helvetica Black

因为要和图形融合，所以使用宽且面积比较大的字体。

各类图形

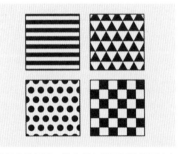

准备几种图形，组合起来使用可以给阅读者留下丰富的印象。

赋予冲击力

Helvetica Black

融入看起来就像是图形的文字设计，可以吸引人们关注。

考虑可读性

Helvetica Black

保持字形特征的同时，将文字结构的一部分换为图形，这样也可以识别出文字。

☑ 可以将文字设计成像一张图一样，产生使人印象深刻的视觉效果
☑ 选择能够识别出文字形状的正统字体

>>>> 范例

— 对象 —	— 目标 —		— 案例 —
20~40 岁的家庭	传达活动的气氛和兴奋感	×	商业机构的海报广告

将文字融入像是北欧纺织品一样的图形中，通过有冲击力的视觉效果表现出了活动使人产生的兴奋感。通过对使用颜色的限定增强了图形的形象，用时尚的氛围引起大家的兴趣。

实际操作

01

布置文字

布置基础的文字。使用和图形组合起来也能被识别的粗字体。在这个范例中，为了和图形的同化程度更高，使用目标图形来制作文字。

制作图形的基础

将简单的图形进行几何学形式的组合来制作图形的基础。根据使用的图形来控制整体设计的印象。想给人留下时尚印象时选择直线型的图案，想给人留下流行的印象时使用圆形图案等。类似的组合要根据主题概念来制作。

制作与图形组合的文字

❶ 选择想要进行变形的文字，从"文字"菜单通过"创建轮廓"〔⌘（Ctrl）+ shift + O 组合键〕来制作文字的轮廓。在没有合适字体的时候，可以将圆形、矩形等进行组合，自己创作出象形文字。

❷ 使用线条、矩形等简单的对象通过"移动"或"对齐"功能制作图形。完成的图形通过"对象"菜单的"编组"来进行整理的话，操作起来会更简单。

❸ 选择要和文字组合的图形，调整其位置以能够和字形融为一体。

❹ 选择想要组合的文字和图形，从"路径查找器"面板中执行"路径查找器：分割"。由于分割的对象是组合在一起的，所以要从"对象"中选择"取消编组"，然后将不要的部分删除。

03

变形文字

将图形和文字组合，然后将文字变形。为了使文字能够被识别，要将字形中的特征部分保留，然后考虑整体平衡感进行组合。为了增强图形的印象，要将文字倾斜布置，在设计中增加些变化。如果将其他的元素也进行倾斜组合，整体版面会让阅读者感受到统一感。

笔记

用图形的使用方法来改变印象

如果只用一种组合的图形，标题会更有统一感。制作符合概念的具有特征性的图形，然后进行组合，可以设计出既简约又能起到强调作用的文字。在想要给阅读者留下稳重印象的时候很有效果。

另外，背景和文字用同一种图形，通过色彩的变化将文字融入其中，会产生立体图画的视觉效果。可以试着考虑下图形的组合方法，试着将它融入设计中。

设计成漫画字体风格

加入在漫画中常见的效果音修饰效果，设计会更有现场感。由于这是为了表现出某种状况的修饰方法，所以在使用的时候要注意其与主要信息之间的平衡感。

强调角

※ 使用的字体是手写的

使用粗的字体或者是强调文字的角的修饰方法，会让阅读者感到一种严重性和压力。

笔画的飞白感

※ 使用的字体是手写的

像用笔写的一样制造飞白感，可以表现出速度感和猛烈感。

将一部分夸张处理

※ 使用的字体是手写的

通过对文字的一部分进行强调，文字会更有韵味，可以表达一种独特的情感。

将一部分进行装饰

KafuNagomi B（ばっ）
MatisseEleganto B（ぽっ）

将文字的某一部分置换为插画，文字会更加有幽默感。

☑ 在设计中增加现场感，会产生气势
☑ 增加装饰和变化，来强调形象

>>> 范例

┌─── 对象 ───┐   ┌─── 目标 ───┐   ┌─── 案例 ───┐
10~20 岁的男女   想要传达巨型汉堡的分量感   ×   横幅广告

将汉堡的分量感通过漫画的拟音风格设计形式进行表现，可以引起食用者的兴趣。使用了多个拟音词且每一个都会根据其形象搭配合适的字体，营造出内容丰富的氛围——很多人都关注了这件商品。

实际操作

在语言上加入对话气泡，通过看起来就像是台词一样的方法可以表现出漫画感。

01

布置文字

为了表现很多人都关注了主画面的汉堡，使用多种字体的拟音词来表现语言。

使用字体 RoG2 Sans-serif B

认真考虑字体和装饰以改变印象

漫画中经常会使用很多的拟声词、拟态词，根据作品的不同会有多种多样的修饰方法。即使是相同的文字，通过改变形状的修饰方法，也可以改变给阅读者的印象。我们以"バン（bàng）"这个词为例，线条粗的存在感较强的字体会给阅读者带来"隆重登场"感觉；尖锐的字体会给阅读者带来"像是碰到什么东西时发出的声音"的印象；假如是比较圆润的字体，则会给阅读者带来"人物在很骄傲地向别人介绍什么"等印象。由此可见，可以让阅读者想象出各种各样的场景。根据形象的不同，要认真考虑不同的修饰方法，将它们高效地应用到设计中。（参考 p.052）

※ 使用的字体是手写的

02

给文字增加变化

要考虑主次关系，设定相应的文字的大小，以调整平衡。为了使设计看起来更丰富一些，可以用 🔄（旋转工具）将文字倾斜或者增加透视效果。

使用字体 Kafu Techno U（俺が求め等）　RoG2 Sans-serif B（なんて分厚い等）

勘亭流 Ultra（ドドドツ）　MatisseEleganto EB（ズキュウウン）

Yuruka UB（ばーん）　Gothic MB101 B（メガバーガー登場）

HuiFont（ててんっ）

通过增加有视觉压力的效果线，可以引人关注。

03

增加修饰增强印象

增加像是在漫画中使用的修饰，可以让阅读者感觉更像在漫画场景中。再增加一些效果线，整体的印象会产生非常大的变化。

笔记

利用漫画特有的表现方法

通过在设计中加入漫画中使用的效果线，可以进一步增强信息性。如果使用的是典型的效果，那么看起来会更像漫画，会让阅读者更加抱有兴趣。我们要理解每一种修饰效果展现出的形象，然后与字体进行结合，更高效地使用。我们可以试着研究在实际的漫画中使用的效果线。

压力效果

闪烁效果

不安、恐怖效果

装饰得色彩斑斓

色彩丰富的文字可以给阅读者留下充满活力并且乐观的印象，从而引起大家的关注。在将其他的元素用沉稳的配色进行修饰的设计中，增加一些抑扬顿挫，会让色彩斑斓的文字所体现出来的活跃感更加明显。

改变每一部分的颜色

Gothic MB101 B（アイウ）
Helvetica Black（ABC）

将每一部分的颜色都改变的话，一个单词中使用的颜色会增加，会增强色彩斑斓的印象。

有规则性

Gothic MB101 B（アイウ）
Helvetica Black（ABC）

根据设定好的规则改变颜色，将其调整成不会让阅读者感到不协调状态。

和其他要素区分主次

3.14 THU ～ 3.31 SUN

Gothic MB101 B

通过控制其他元素使用的颜色，可以与色彩丰富的文字进行区分，并使文字更显眼。

过度使用颜色 ✕

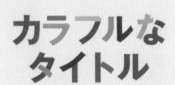

Gothic MB101 B

毫无意图地过度使用颜色会给阅读者造成视觉疲劳，以使用五六种颜色为标准。

☑ 通过色彩斑斓的文字表现丰富性、活跃感
☑ 要有规则性，有意识地营造统一感

>>> 范例

| ─── 对象 ─── | ─── 目标 ─── | | ─── 案例 ─── |
| 幼儿及其父母 | 想要传达活动的欢乐印象 | × | 网站首页 |

通过使用可爱的字体和丰富的色彩，向阅读者传达了面向孩子的快乐活动的氛围。将使用了符合标题内容色彩的插画散放在页面中，就可以形成动感十足的设计。与此相对，将上部的导览栏设置为一种颜色，可以与主要视图区分主次。

─────────────────── 实际操作 ───────────────────

> 为了增强色彩斑斓的印象，选择了各部分都被分开的字体。

01

布置文字

一边考虑加入装饰的空间一边布置文字。为了做出像儿童绘本一样的设计方案，使用了柔和并且可爱的字体。

KIDS MUSIC
FESTA

使用字体 MdN-CLAY

改变颜色

变更文字的颜色。在文字的每个部分都是被分开的情况下，将各部分的颜色都进行改变。
相同的颜色不要相邻，要有规则地改变。为了不给阅读者带来很凌乱的感觉，这里将使
用的颜色限定在了 6 种，这样可以让人感觉到统一感。

![KIDS MUSIC FESTA 3.14 THU - 3.31 SUN]

03

布置插画

在文字周围布置插画作为装饰。使用的插画也要选择色彩缤纷的素材，来增强整体的丰
富感。但是要注意这些插画的吸引力不能压过标题，所以要通过尺寸的大小在设计中增
加变化。

抓住重点，制作色彩斑斓的文字

在选择使用的颜色时，要抓住几个重点，这样才能制作出平衡感很好的色彩斑斓的文字。

（统一明度和饱和度）

使用颜色的明度和饱和度一致，整体氛围会统一。通过将鲜亮程度进行一致化的处理，即使是多种颜色的组合也会给阅读者留下统一的印象。

散漫的印象

統一饱和度

（考虑颜色的明度）

色彩给人留下的轻重印象，会根据亮度变化而变化。以明度为参考，将想要使用的颜色进行分类，通过重色和轻色的平衡配色，可以设计出毫无偏重感的色彩组合。

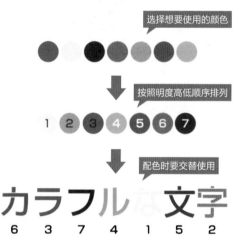

选择想要使用的颜色

按照明度高低顺序排列

1 2 3 4 5 6 7

配色时要交替使用

カラフルな文字
6 3 7 4 1 5 2

（使用同色系）

通过使用符合内容的同色系颜色，在丰富的色彩中也能够表现出稳重感和统一感。即使只注重冷色或暖色，也可以制作出有统一感的色彩组合。

Illustrator 和 InDesign 基础操作

设置文档

Ai Illustrator

画板

从"文件"中选择"新建"，打开"新建文档"。设定宽度和高度、取向、出血、颜色模式。设定后，单击"确定"按钮即可显示出画板。如果是纸质媒体，还需要设定裁切线，所以画板要大一圈。如计划设计 A4 尺寸的成品，那么就要将画板设为 B4 尺寸。

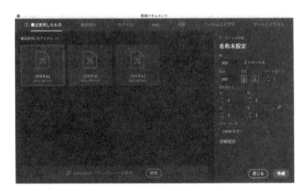

设定颜色

从"文件"的"文档颜色模式"中选择"CMYK 颜色"或者"RGB 颜色"。

▶颜色模式基础

一般情况下，纸质媒体选择 CMYK 颜色，网络媒体选择 RGB 颜色。纸质媒体上下左右的出血均为3.00mm。

设置裁切线

将图像等进行出血设计时，提前设置裁切线的话会更容易操作。用 ■（矩形工具）制作和画板同尺寸的矩形，点击"对象"的"创建裁切标记"来生成裁切线。

设定边距

在进行排版工作之前，设置边距的参考线，之后的操作会更便利。首先，用 ■（矩形工具）制作和画板同尺寸的矩形。接下来，在"变换"面板中将参考点设置在中心。假如想分别设置10.00mm的边距，需要将矩形对象的宽度和高度均调整为-20.00mm。再从"视图"中选择"参考线"→"建立参考线"，矩形对象就被替换为参考线了。以此为基础设定边距，然后进行排版即可。

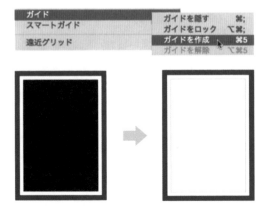

页面

从"文件"中选择"新建"→"文档",打开"新建文档",设定"页数""起始页码"。因为设定的起始页码是连续的,所以制作页码的时候很方便。想要制作对页的文档时,可以勾选"对页";如果想制作的文档是单页的,就取消勾选。设置完"宽度""高度""页面方向""装订""出血"后,点击"边距和分栏",则会出现"新建边距和分栏"面板。

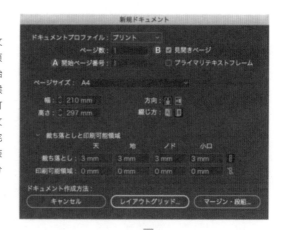

在"新建边距和分栏"面板中设置边距的宽度,也可以设置分栏。输入需要的数值,单击"确定"键,页面就显示出来了。

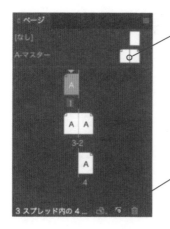

主页

所谓的主页就是版式可以通用的页面。在主页中生成可编辑区域,通过"文字"→"插入特殊字符"→"标志符"→"当前页码",可以插入页码。通过"页面"面板右上方目录的"将主页应用于页面",就可以简单地在若干页面上设置页码。

增加页面

从"窗口"菜单中选择"页面",就可以看到"页面"面板。单击面板下面的 (新建页面)就可以增加页面。

输入文字

横向或竖向输入文字

用 **T**（文字工具）点击任意位置。以那个位置为起点可以进行文字的输入。一直到手动换行为止，它会一直沿着直线进行输入。使用 **↓T**（直排文字工具）可以竖向输入文字。

文字を入力する文字を

文字を入力する文字を

在某区域内输入文字

通过 **T**（文字工具）点击任意位置并拖动鼠标，能够生成可输入文本区域。在文本区域内输入文字时，文字会自动换行。用 **▶**（选择工具）可以对文本编辑区域的大小做调整。

文字を入力する文字を入力する文字を入力する文字を入力する文字を入力する文字を入力する

在某路径上输入文字

用 **↘**（路径文字工具）点击线条或是某对象的边界线。这样就可以沿着所点击形状输入文字了。

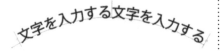

移动已输入的文字

用 **⊞**（修饰文字工具）可以从文字列中选择一个文字，并将其自由移动。

文字を入力する

在对象区域内
输入文字

用 **⊞**（区域文字工具）单击对象的边界线部分。根据对象的形状，文字可以自动换行。

用T（文字工具）输入文字

用T（文字工具）点击任意位置并拖动鼠标可以生成文本输入框架，在里面可以输入文字。但因为文本框架中没有网格，所以文字格式要通过"字符"的"字偶间距""字符间距""比例间距"等进行设置。

> 文字を入力する文字を入力する文字を入力する文字を入力する文字を入力する文字を入力する文字を入力する文字を入力する文字を入力する文字を入力する文字を入力する文字を入力する文字を入力する文字を入力する

文本框架内边距的设置

通过"对象"中的"文本框架选项"可以对文本框架内的边距进行设置。当在对文本框架的轮廓追加颜色等操作的时候，通过设置边距，文本框架轮廓和文字之间就可以产生空间，文字组合看起来会比较宽敞。另外在设置了文本换行的对象中，有时会出现非人为意志的文字断行。这时，我们可以勾选"忽略文本绕排"。

用▦（水平网格工具）输入文字

通过▦（水平网格工具）点击任意位置并拖动鼠标，可以制作框架网格，进行文字的输入。因为在框架网格中设定的文字组合格式可以自动适用，所有通过复制框架网格，就可以以非常简单地制作字体、大小、字间距等统一的文字组。

> 文字を入力する文字■入力する文字を入力する文字を入力す■文字を入力する文字を入力する文字を■力する文字を入力する文字を入力する■字を入力する文字を入力する文字を入力する文字を入■する

框架网格的设置

通过"对象"的"框架网格选项"可以对框架网格进行详细的设置。通过"网格属性"可以对字体及文字的大小、字间距等进行设置。通过"对齐方式选项"可以对框架网格内文字的对齐方式进行设置。通过"视图选项"可以对框架网格中信息的显示进行设置。通过"行与栏"可以对行数及栏数等进行设置。

字符面板

对文字的字体、大小、字间距及行距进行设置。行距较小的文章或者是较宽松的文字组合等都可以通过调整相应数值进行精确的设置。

Ⓐ字体
Ⓑ大小
Ⓒ行距
Ⓓ字偶间距
Ⓔ字符间距
Ⓕ比例间距

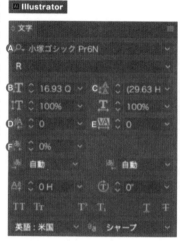

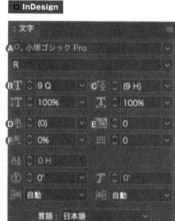

段落面板

对文本框内文字对齐方式进行设置。对齐方式主要有左对齐、右对齐、两端对齐等，需要根据版面需求进行区分使用（参考 p.017）。

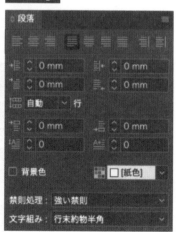

字符的基准线

即使在有多种字体和文字大小混合的情况下，通过设置基准线也可以实现容易阅读的文字组合版式。在Illustrator字符面板的目录中，InDesign的段落面板的目录中进行对齐的基准线设置（参考p.016）。

段落的设置

文本输入区域的段落设置

通过"文字"目录的"区域文字选项"可以对文本输入区域内的行与列等进行设置。与 InDesign 不同，Illustrator 可以对行与列进行单独的设置。在想要增加文字量的时候需要扩大文本输入区域。

框架网格的段落设置

通过"对象"的"框架网格选项"可以对框架网格的行进行设置。与 Illustrator 不同，InDesign 可以对每行的字数进行设置，所以文字量也可以调整。

日语注音的设置

 Illustrator

❶ 在文本输入区域内输入"**じ**"和"字"。读音假名要比汉字的尺寸小一些。

❷ 在"字符"面板目录中选择"分行缩排"。

❸ 从"字符"面板目录中选择"分行缩排设置",将"对齐方式"设置为"居中对齐"。

※ 中文拼音的排版方法亦如上所述。

 InDesign

❶ 输入"字",选择已输入的文字,打开"字符"面板目录,选择"注音"→"注音的位置与间隔"(在中文版 InDesign 中为"拼音"→"拼音…"),就可以打开"注音"("拼音")面板。

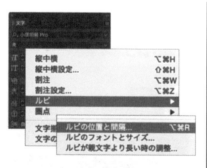

❷ 在"注音"栏("拼音"栏)中输入"じ(zi)"然后点击"确定"键即可完成。

在"注音"("拼音")面板中可以对"对齐方式"等的设置进行变更,来改变注音(拼音)的位置。

竖排版时的西文旋转

在竖排版时输入西文和数字，它们会自动旋转 90°。在 Illustrator 中通过"字符"面板目录的"标准垂直罗马对齐方式"，可以将文字的方向调整为竖版。InDesign 是通过"段落"面板目录中"在直排文本中旋转罗马字"调整的。

在竖排版时，西文及数字通过"字符"面板目录的"直排内横排"可以对文字的方向进行改变。在这种情况下，选择的文字是按照整体进行旋转。

选择文字，在"字符"面板的"字符旋转"中输入角度，可以按照自由的角度对文字进行旋转。

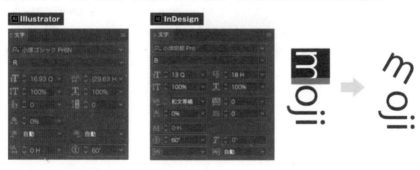

文字变形

用变形建立

通过"对象"菜单的"封套扭曲"→"用变形建立"可以将文字变形为各式风格。通过输入数值可以设置变形的角度及大小。

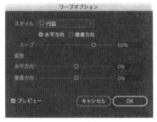

用网格建立

通过"对象"菜单的"封套扭曲"→"用网格建立"可以在网格中设置锚点，通过移动锚点对文字进行变形。通过"行数""列数"的设置还可以增加或减少锚点的数量。

用顶层对象建立

将文字布置在对象的下层。选择对象和文字，通过"对象"菜单的"封套扭曲"→"用顶层对象建立"可以将文字变形为对象的形状。

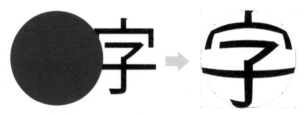

变形后文字的修改

通过"对象"菜单的"封套扭曲"→"编辑内容"可以对变形后文字的颜色或者文字内容进行修改。通过"对象"菜单的"封套扭曲"→"释放"可以将变形后的文字复原到原始状态。

结 语

就像是通过表情、动作及声色来进行一场充满感情的演讲一样，通过选择合适的字体和装饰也可以让文字给阅读者留下不同的印象。在纸面或是网页中，如果仅仅将广告语或者文章随意地进行排列，只会让内容从阅读者眼前一晃而过。将强烈想要传达的信息诉诸视觉的方法就是"排版设计"。使用不同的表现方法，赋予文字以生命力，这也是设计师的工作。如果各位读者能够通过本书对文字设计产生更大的兴趣，将会使著者十分欣喜。

请享受排版设计的乐趣吧。

Original Japanese title: SHIRITAI TYPOGRAPHY DESIGN
by ARENSKI
Copyright © 2018 ARENSKI

设计：泷本理惠、高桑英克、阪口结衣（ARENSKI）
编辑：ARENSKI
p.52、p.53 漫画：佐藤千惠子
特别鸣谢：天野里美、田中由贵、秋叶麻由
图片：iStock

Original Japanese edition published by Gijutsu Hyoron Co., Ltd.
Simplified Chinese translation rights arranged with Gijutsu Hyoron Co., Ltd.
through The English Agency (Japan) Ltd., Tokyo and Shanghai To-Asia Culture Co., Ltd.

This edition is authorized for sale in the Chinese mainland (excluding Hong Kong SAR, Macao SAR and Taiwan) .

北京市版权局著作权合同登记　图字：01-2019-6418 号。

图书在版编目（CIP）数据

我想知道的排版设计 / 日本株式会社ARENSKI著；宋玮译.
— 北京：机械工业出版社，2022.4（2024.1重印）
（设"技"研习书系）
ISBN 978-7-111-70332-7

Ⅰ.①我… Ⅱ.①日… ②宋… Ⅲ.①电子排版 – 应用软件 Ⅳ.①TS803.23

中国版本图书馆CIP数据核字（2022）第042791号

机械工业出版社（北京市百万庄大街22号　邮政编码100037）
策划编辑：于翠翠　　责任编辑：于翠翠
责任校对：史静怡　　责任印制：郜　敏
北京瑞禾彩色印刷有限公司印刷

2024年1月第1版第2次印刷
148mm×210mm·7印张·283千字
标准书号：ISBN 978-7-111-70332-7
定价：69.80元

电话服务　　　　　　　　　网络服务
客服电话：010-88361066　　机 工 官 网：www.cmpbook.com
　　　　　010-88379833　　机 工 官 博：weibo.com/cmp1952
　　　　　010-68326294　　金 书 网：www.golden-book.com
封底无防伪标均为盗版　　　机工教育服务网：www.cmpedu.com